国外 PDC 钻头技术新进展

韩烈祥 等 编著

科学出版社

北京

内 容 简 介

近年来，国际钻井技术发生着深刻变化，油气勘探开发正持续向深层、非常规油气藏延伸。极端环境下的资源勘探开发极具挑战性，已成为研究的热点和焦点，而钻井工具、装备与技术直接影响施工速度、安全性和经济效益，PDC 钻头技术领域的创新持续不断，使得难钻地层的钻井效率大幅提升。本书共五章，分别介绍国外 PDC 钻头的本体结构新技术、切削齿结构新技术、新材料技术及加工工艺技术，并对 PDC 钻头未来重点发展方向进行展望。

本书可供石油行业的钻井工程设计、生产、管理、钻头制造等相关专业技术人员，以及石油高等院校相关专业的师生学习参考。

图书在版编目（CIP）数据

国外 PDC 钻头技术新进展 / 韩烈祥等编著. —北京：科学出版社，2020.6
ISBN 978-7-03-062743-8

Ⅰ. ①国… Ⅱ. ①韩… Ⅲ. ①金刚石钻头 Ⅳ. ①P634.4

中国版本图书馆 CIP 数据核字（2019）第 243532 号

责任编辑：韩卫军 / 责任校对：彭　映
责任印制：罗　科 / 封面设计：墨创文化

科 学 出 版 社 出版
北京东黄城根北街 16 号
邮政编码：100717
http://www.sciencep.com
四川煤田地质制图印刷厂 印刷
科学出版社发行　各地新华书店经销
*
2020 年 6 月第 一 版　开本：720 × 1000　B5
2020 年 6 月第一次印刷　印张：5 1/2
字数：110 000
定价：70.00 元
（如有印装质量问题，我社负责调换）

本书编委会

主　　编　韩烈祥

副主编　朱丽华　　乔李华　　姚建林

编　　委　邓玉涵　　向兴华　　杨　劲　　李　勇

　　　　　张治发　　张　果　　张　帆　　杨博仲

　　　　　刘宝军　　范生林　　李伟成　　曹思阁

　　　　　齐　玉　　郑冲涛　　唐克松　　王　楠

　　　　　骆新颖　　杨明富　　冯俊雄　　黄　焰

　　　　　彭陶钧　　万夫磊　　余来洪　　刘素君

　　　　　刘洪彬　　徐　斌　　唐　睿　　陈丽萍

　　　　　雍兴伟　　李杨鹏程

前　言

聚晶金刚石复合片（polycrystalline diamond compact，PDC）钻头与井下马达、随钻测量系统、液压顶驱钻机是石油钻井工业 20 世纪 80 年代的重大技术成就，对加速全球油气勘探开发具有重要意义。

1959 年南非研制成功聚晶金刚石（polycrystalline diamond，PCD），聚晶金刚石具有很好的耐磨性、抗压强度和抗冲击韧性，广泛应用于宝石加工业和机械加工修整工具等领域。

1971 年，美国首次生产出可工业应用的 PDC 切削齿。两年后，美国公司制造出 PDC 钻头并应用于现场钻井试验，但该钻头在现场试验中出现复合片黏结不牢、切削齿过早脱落的问题，严重影响钻井效率。此后 15 年左右，由于 PDC 制造工艺、质量没有大的突破，PDC 钻头在使用时常发生切削齿断裂、喷嘴掉落等现象，其推广应用进展较缓慢。1980 年，全球 PDC 钻头的总进尺占比仅为 2%，1990 年 PDC 钻头总进尺占比仅为 5%。

20 世纪 90 年代，复合片材料、制造工艺、本体结构设计等技术取得显著进步，如复合片与钻头本体高强度黏结工艺、金刚石与硬质合金非平面界面技术、高强度螺纹连接可换喷嘴、钻头本体抗回旋、抗冲蚀技术等，有效提高了 PDC 的耐磨性、抗冲击性，改善了钻头在井下抗震动、抗冲蚀的能力，提高了钻头的钻井效率和使用寿命。这个时期 PDC 钻头在软到中硬地层的使用中，较牙轮钻头表现出平均机械钻速高、单只钻头进尺大、经济效益好等优点，因此得到大量应用，到 2000 年全球 PDC 钻头总进尺占比已达到 24%。

21 世纪初是 PDC 钻头发展的黄金时期，得益于混合式钻头结构、非平面齿、旋转齿、脱钻齿等 PDC 技术的巨大进步，加上与之匹配的马达、扭冲、旋冲等井下提速工具的快速发展，PDC 钻头的单只钻头进尺和平均机械钻速大幅提高。2004 年 PDC 钻头进尺占比接近 60%，2015 年全球 PDC 钻头进尺占比已达到 90%，世界范围内钻井技术已进入由牙轮钻头主导变为由 PDC 钻头主导的时代。

目前，世界油气勘探开发正持续向深层、非常规油气藏延伸。深层、非常规油气藏钻井过程中一些地层具有可钻性差、研磨性强、非均质性强等特点，受材料、制造工艺等技术限制，国产钻头在相关地层钻进平均机械钻速低，单只钻头寿命短，进尺少，严重影响相关气藏的勘探开发进程和经济效益。如四川双鱼石区块金宝石组致密砂岩地层，双探 3 井采用国产 PDC 钻头，钻入金宝石组致密砂岩地层仅 0.65m，因地层硬且研磨性强，机械钻速急剧降低。后采用国产孕镶块钻头钻入 4.87m，平均机械钻速仅为 0.18m/h，被迫起钻提前完钻；塔里木油田克拉苏构造带博孜区块砾石层厚 5200m 左右，可钻性极差，采用牙轮、常规 PDC 等钻头平均机械钻速低于 2.0m/h，平均单只钻头进尺低于 200m，平均钻井工期需 240d 左右。

近年来，国外 PDC 钻头在本体结构、切削齿设计、材料、制造工艺等领域的技术创新持续不断，对于难钻地层的钻井效率大幅提升。贝克休斯公司的 Kymera 牙轮-PDC 混合式钻头能在各种坚硬地层提高钻速，已在世界上 6 个国家累计使用超过 100 次，累计进尺超过 30000m，其中在冰岛地热井玄武岩的钻进中，其平均机械钻速是优质牙轮钻头的 2 倍多；采用非平面切削齿的贝克休斯公司的 StayCool 多维切削齿钻头在钻进 Cana 中间层段硬质砂岩与灰岩交互夹层时，与标准平面切削齿钻进相同井段相比，平均机械钻速提高 10%，平均进尺提高 37%；哈里伯顿公司的 MegaForce PDC 钻头胎体采用高级碳化钨合金材料，与之前的胎体材料相比，抗冲蚀性提高 20%，有效提高了单只钻头及后续钻头进尺；国外进口脱钴 PDC 钻头在大港油田、吐哈油田难钻地层得到成功应用，钻头寿命较邻井提高 20% 以上。

通过梳理近年来国外关于 PDC 钻头在本体结构、切削齿设计、材料、制造工艺等领域的文献，分析国外 PDC 钻头新技术发展动态，编写成本书，旨在向我国油气田开发的钻井工程设计、生产、管理、钻头制造等相关专业人员介绍国外 PDC 钻头发展前沿技术，为钻井现场合理优选钻头、钻头研发单位及时调整优化钻头研发思路提供参考。

本书在编写过程中得到各方面的大力支持，在出版之际，向各位编写人员、审阅人员和关心支持本书编写的领导、同志一并表示衷心感谢。

由于作者水平有限，难免有疏漏和不足之处，敬请读者批评指正。

目　　录

第1章　国外 PDC 钻头本体结构新技术 ································· 1
　1.1　牙轮-PDC 混合式钻头 ······································· 1
　　1.1.1　Kymera 牙轮-PDC 混合式钻头 ························· 1
　　1.1.2　Kymera XT 牙轮-PDC 混合式钻头 ····················· 3
　　1.1.3　Kymera FSR 定向钻井混合式钻头 ····················· 4
　　1.1.4　Kymera 各系列混合式钻头现场应用 ··················· 5
　1.2　PDC-孕镶块混合式钻头 ······································ 6
　1.3　自适应 PDC 钻头 ·· 9
　1.4　微心 PDC 钻头 ··· 10
　　1.4.1　微心 PDC 钻头技术关键 ···························· 11
　　1.4.2　微心 PDC 钻头的优势及适用范围 ···················· 11
　　1.4.3　微岩心形成过程 ································· 12
　　1.4.4　微心 PDC 钻头现场应用 ···························· 12
　1.5　页岩气定向专用 PDC 钻头 ·································· 13
　1.6　双径 PDC 钻头 ··· 14
第2章　国外 PDC 钻头切削齿结构新技术 ························· 15
　2.1　双倒角切削齿 ·· 15
　2.2　多维切削齿 ·· 16
　　2.2.1　StayCool 多维切削齿的技术优势 ···················· 17
　　2.2.2　应用实例 ····································· 18
　2.3　凿形切削齿 ·· 21
　　2.3.1　采用 Dynamus 长寿命凿形切削齿的 PDC 钻头 ·········· 22
　　2.3.2　应用实例 ····································· 24
　2.4　旋转切削齿 ·· 26
　2.5　锥形切削齿 ·· 27
　　2.5.1　技术优势 ····································· 28
　　2.5.2　应用实例 ····································· 29
　2.6　斧形切削齿 ·· 30
　　2.6.1　技术优势 ····································· 32

　　　2.6.2　应用实例 ·· 32
　　2.7　互成角度布置切削齿 ·· 35
　　2.8　两级切削齿 ·· 36
　　2.9　PDC-硬质合金旋转刨削齿 ·· 37
第 3 章　国外 PDC 钻头新材料技术 ·· 39
　　3.1　本体材料 ·· 39
　　　3.1.1　高耐磨胎体材料 ··· 39
　　　3.1.2　高韧性 PDC 胎体材料 ·· 40
　　　3.1.3　高性能钢体材料 ··· 44
　　3.2　PDC 材料新技术 ··· 45
　　　3.2.1　脱钴 PDC ·· 45
　　　3.2.2　PDC 新型抗冲蚀硬质合金材料 ··· 46
　　3.3　新型涂层材料 ·· 50
　　　3.3.1　纳米涂层材料 ·· 51
　　　3.3.2　镍磷电镀金属涂层 ·· 52
　　　3.3.3　超硬磨料耐磨堆焊层材料 ·· 57
第 4 章　国外 PDC 钻头加工工艺技术 ··· 63
　　4.1　胎体 PDC 钻头模具 3D 打印技术 ·· 63
　　4.2　钢体 PDC 钻头本体数控加工技术 ·· 65
　　　4.2.1　钻头冠部顶面的粗加工 ·· 66
　　　4.2.2　钻头刀翼间的粗加工 ·· 66
　　　4.2.3　钻头刀翼间的补刀加工 ·· 66
　　　4.2.4　钻头冠部顶面的补刀加工 ·· 67
　　　4.2.5　钻头流道内的水孔精加工 ·· 67
　　　4.2.6　钻头体的精加工 ·· 67
　　4.3　新型 PDC 制造加工技术 ··· 67
　　　4.3.1　界面材料成分优化技术 ·· 68
　　　4.3.2　界面结构优化技术 ·· 69
　　　4.3.3　烧结工艺优化技术 ·· 69
　　　4.3.4　PDC 脱钴系列技术及无钴烧结技术 ·· 70
　　　4.3.5　PDC 抛光技术 ·· 73
第 5 章　PDC 钻头技术发展趋势与展望 ··· 74
主要参考文献 ··· 76

第1章 国外 PDC 钻头本体结构新技术

经过数十年的发展，钻头研发人员对 PDC 钻头本体结构设计有了较丰富的技术积淀。例如，针对 PDC 钻头井下工作时剧烈震动使复合片损坏的现象，采用抗回旋结构设计，提高了钻头在井下工作的稳定性；针对中硬、软地层钻探，钻头刀翼采用长抛物线形状、深排屑槽设计，尽量提高钻头切削、排屑能力，提高破岩效率；针对硬地层钻探，钻头刀翼采用短抛物线形状等，提高钻头吃入能力，并限制复合片一次切削体积，避免出现切削坚硬岩石过量使复合片先期破坏的情况。上述结构设计方法可有效提高 PDC 钻头的破岩效率和使用寿命，为 PDC 钻头的推广和应用做出了重要贡献。但是，常规 PDC 钻头本体一旦设计定型，就只对某类均质地层具有较高的钻井效率，在面对非均质、软硬交错等难钻地层时，常规 PDC 钻头面临较大的挑战。在非均质、软硬交错等地层钻进时，若采用针对硬地层的本体结构的 PDC 钻头，则平均机械钻速低；若采用针对软地层的本体结构的 PDC 钻头，则 PDC 钻头易遭受冲击、磨损而发生先期破坏。近年来，针对非均质、软硬交错等难钻地层，国外各钻头厂商在 PDC 钻头本体结构设计上有了新的重要进展，有效拓宽了 PDC 钻头的地层应用范围。

1.1 牙轮-PDC 混合式钻头

1.1.1 Kymera 牙轮-PDC 混合式钻头

贝克休斯（Baker Hughes）公司的 Kymera 牙轮-PDC 混合式（国内俗称"狮虎兽"）钻头（图 1-1）技术是将牙轮钻头和 PDC 钻头相结合的专利技术。该技术将牙轮对地层的冲压破岩作用与 PDC 对地层的切削破岩作用相结合，在使用过程中牙轮冲击压碎岩石，PDC 刮切破碎岩石，从而提高硬、软硬交错等难钻地层破岩效率。该钻头在使用过程中能够减小钻头和钻柱的扭转震动和轴向震动，扭矩比常规 PDC 钻头小，能在软硬交错地层、非均质地层的钻进中保持稳定。Kymera 牙轮-PDC 混合式钻头在各种井下钻具组合中都能提供更高的造斜率和精确导向性，对于在上述地层定向钻井中的工具面角控制十分有利。

图 1-1　Kymera 牙轮-PDC 混合式钻头

Kymera 牙轮-PDC 混合式钻头能提高在各种坚硬地层中的平均机械钻速和单只钻头进尺，已在世界上 6 个国家使用超过 100 次，进尺超过 30000m。在美国 ϕ311.2mm 井眼的应用中，平均机械钻速与常规 PDC 钻头相比提高了 62%，单只钻头进尺增加 200%，显著缩短钻井时间。在冰岛地热井玄武岩钻进中，Kymera 牙轮-PDC 混合式钻头的平均机械钻速是优质牙轮钻头的 2 倍多。

美国俄克拉荷马州西部地区地层中含有多个坚硬的夹层，难钻程度在钻井界闻名，作业者迫切需要大幅缩短钻井时间，节约钻井费用。该地区深井平均井深 6706m，钻井需要 180~200d。含有多个硬夹层的井段位于 3292~5029m，一般情况下需要 82d 才能钻完该井段。单井钻完该夹层井段大约需要 9 个牙轮钻头，平均机械钻速约 3m/h，单只钻头进尺 183~244m。而采用常规 PDC 钻头在该井段钻井过程中面临较高的扭矩和扭矩波动，且井下黏滑容易导致 PDC 钻头过早损坏，因此单只钻头进尺更短，仅为 46~61m。作业者采用 Kymera 牙轮-PDC 混合式钻头后获得了比牙轮钻头更高的平均机械钻速，以及比常规 PDC 钻头更大的单只钻头进尺。

Kymera 牙轮-PDC 混合式钻头在相关井段的钻井表现超出预期，井下工作更加平稳，平均机械钻速和单只钻头进尺都大幅增加，平均钻井周期缩短了 25d，每英尺（1ft＝0.3048m）成本降低 40%。

Kymera 牙轮-PDC 混合式钻头在哥伦比亚首次使用就为作业者节省了钻井时间 86h，节约成本 250000 美元。一只 ϕ215.9mm Kymera 牙轮-PDC 混合式钻头钻穿 140m 的硬质砾岩和 375m 的黏土岩、页岩、砂泥岩和砂岩的夹层，平均机械钻速约为 10m/h。

1.1.2　Kymera XT 牙轮-PDC 混合式钻头

贝克休斯公司的 Kymera XT 牙轮-PDC 混合式钻头（图 1-2）于 2015 年 9 月开始正式投入商业应用，除保留了上一代 Kymera 牙轮-PDC 混合式钻头平稳、持续的特点外，通过采用更优化的设计，该钻头单只寿命更长，平均机械钻速更高。

图 1-2　Kymera XT 牙轮-PDC 混合式钻头

Kymera XT 牙轮-PDC 混合式钻头采用动态平衡设计，能减少扭矩波动，从而减少钻头所受损害，在直井段和造斜段都能保持高破岩性能，比 Kymera 牙轮-PDC 混合式钻头平均机械钻速更高。Kymera XT 牙轮-PDC 混合式钻头的切削结构更加锋利和耐用，贝克休斯公司通过强化形状优化及提升硬质合金等级来提高钻头的破岩性能，以达到更高的平均机械钻速。先进设计提供的工具面角控制能力使该钻头与以前的钻头相比，能以更高的造斜率钻进更长的进尺，并且在整个钻进过程中能保持很好的轨迹控制能力。另外，Kymera XT 牙轮-PDC 混合式钻头的刀翼和牙轮设计还可根据作业者实际需求进行优化。

Kymera XT 牙轮-PDC 混合式钻头将三牙轮钻头的轨迹控制能力和破岩强度与 PDC 钻头的速度和剪切作用相结合，几乎在所有钻井环境下都能比两种钻头中的任意一种更耐用。这种结合实现了一只钻头能在各种难钻地层中以较高的平均机械钻速在直井段和造斜段钻进更长的进尺，从而为作业者降低了成本。

在中东某油田，作业者在具有挑战的交互性地层中采用碳化钨硬质合金片牙轮钻头钻进，平均机械钻速大约为 11.5m/h。作业者希望能进一步提高机械钻速，减少扭矩波动，从而降低单位进尺成本。贝克休斯公司推荐在该油田应用 Kymera XT 牙轮-PDC 混合式钻头。Kymera XT 牙轮-PDC 混合式钻头在该油田一趟钻成功钻进 1463m，省去了以往使用牙轮钻头时所需的起下钻作业。使用该混合式钻头在该油田获得了极高的平均机械钻速，与其他 3 口邻井相比（图 1-3），平均机械钻速大幅度提高，作业时间减少 2.5d。

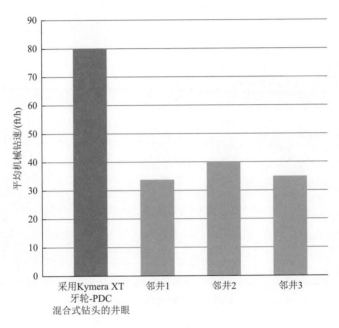

图 1-3　平均机械钻速对比图

在该油田的另外一口钻井的应用中，Kymera XT 牙轮-PDC 混合式钻头一趟钻钻进极坚硬的高研磨性石灰岩、砂岩和页岩地层，进尺达 829m，显示了其超高耐磨性。同时，平均机械钻速比油田平均值提高 138%，单位进尺成本下降 50%，作业时间比计划缩短 2.3d，节约成本近 10 万美元。

1.1.3　Kymera FSR 定向钻井混合式钻头

在钻遇碳酸岩地层时，若单独使用 PDC 钻头或三牙轮钻头，则需使用两个或多个钻头进行作业。当 PDC 钻头钻速加快时，产生的扭矩随之增大，井下钻具组合会偏离原来的轨迹。过大扭矩引起的震动也会导致井下工具发生故障，增加额外的起下钻次数、修理时间及其他非生产时间。而贝克休斯公司的 Kymera FSR 定向钻井混合式钻头具有三牙轮钻头和 PDC 钻头二者的优点（图 1-4），其钻速更快，钻头工作平稳，尤其在具有挑战的碳酸岩地层中能够精准控制轨迹。Kymera FSR 定向钻井混合式钻头结合了牙轮钻头和 PDC 钻头的优点，牙轮钻头的硬质合金齿能够切削并研磨坚硬岩石,而 PDC 钻头能够清除剩余的岩屑并保持井下清洁。Kymera FSR 定向钻井混合式钻头在确保控制井眼轨迹、保护切削齿的同时,降低了钻头、钻具的扭矩。

图 1-4　Kymera FSR 定向钻井混合式钻头

Cimarex 能源公司的钻完井工程师 Spencer Bryant 在评价 Kymera FSR 定向钻井混合式钻头时说:"使用了 Kymera FSR 定向钻井混合式钻头,几乎只需一趟钻即可以较高的平均机械钻速完成造斜段,很少使用两趟钻作业。"

Kymera FSR 定向钻井混合式钻头在造斜段钻进中具有以下优点:钻速高、能连续平稳打钻、寿命长、降低非生产时间、节约总体钻井费用。

Kymera FSR 定向钻井混合式钻头应用范围包括:①定向井作业;②碳酸岩夹层;③高造斜、大位移井作业。

Kymera FSR 定向钻井混合式钻头技术优势:①复合钻头设计,可获得比普通PDC、牙轮钻头更高的平均机械钻速和单只钻头进尺;②扭矩控制,降低扭矩波动,缩短非生产时间,在高造斜井眼也能应用,有效控制轨迹。

在美国得克萨斯州卡恩斯县 Eagle Ford 页岩区,在定向钻进中常遇到如下难题:钻遇奥斯汀白垩系和 Anacacho 岩层地层,当使用 PDC 钻头时会出现高扭矩,钻进过程中可能需要使用多个钻头或多次起下钻且井下马达易出故障。作业者采用 Kymera FSR 定向钻井混合式钻头后,作业效果极佳,在三口钻井的造斜段中实现一趟钻作业,平均机械钻速达 14m/h,最高瞬时机械钻速达 38m/h,每英尺钻探成本至少节约 36%,三口钻井共节约成本 503122 美元。

1.1.4　Kymera 各系列混合式钻头现场应用

Kymera 混合式钻头在中国应用较多,使用过程中均表现出优良的性能。

塔里木油田迪北区块苏维依组厚 300m 左右,砾石含量高,地层软硬交错、可钻性差。该地层使用牙轮、PDC 钻头,都表现为单只钻头进尺低、平均机械钻速低，迪北 101 井和 104 井在苏维依组分别使用了 7 只和 5 只牙轮钻头，平均机械钻速低于 1m/h。2013 年 6 月，塔里木油田首次在迪北 103 井苏维依组试用 ϕ444.5mm 的 Kymera 牙轮-PDC 混合式钻头，如图 1-5 所示，单趟钻钻穿 17.89m 吉迪克底部砾岩、钻穿 290m 苏维依组、钻入库姆格列木群 34.51m，总进尺达到 342.4m，纯钻时间 179.53h，平均机械钻速 1.91m/h，苏维依组井段比邻井迪北 104 井平均机械钻速提高 154%，整个钻进过程扭矩相对平稳。

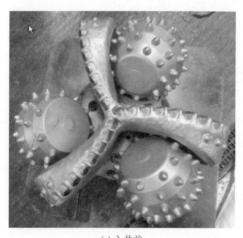 

(a) 入井前　　　　　　　　　　　　　　　　(b) 入井后

图 1-5　迪北 103 井 Kymera 牙轮-PDC 混合式钻头入井前后照片

其后，Kymera 牙轮-PDC 混合式钻头应用于四川珍珠冲组、须家河组、二叠系等非均质难钻地层，在高石梯-磨溪区块创下一趟钻钻穿须家河组、平均机械钻速达 4.77m/h 等钻井纪录。在下川东区块龙会 006-H3 井龙潭组，单只钻头进尺达 151.38m，是邻井的 4～5 倍，平均机械钻速达 1.8m/h，是邻井的 2 倍以上。Kymera 牙轮-PDC 混合式钻头的成功应用为四川油气田难钻地层提速提效找到一条新的技术途径。2016 年后，大量进口和国产的牙轮-PDC 混合式钻头已广泛应用于四川珍珠冲组、须家河组、二叠系等难钻地层，提速提效效果显著。

1.2　PDC-孕镶块混合式钻头

斯伦贝谢（Schlumberger）公司旗下的史密斯钻头（Smiths Bits）公司推出的 Kinetic PDC-孕镶块混合式钻头（俗称"混镶钻头"）如图 1-6 所示，该钻头具有 PDC 和孕镶块钻头的本体结构设计特点。该钻头的破岩机理是：在钻进时，当 PDC 切削齿严重磨损后，金刚石混合孕镶块在高转速下研磨破碎岩石。与传统 PDC 钻头和牙轮钻头相比，该钻头配合涡轮钻具可显著减少起下钻次数，提高平均机械钻速，改善井眼质量。

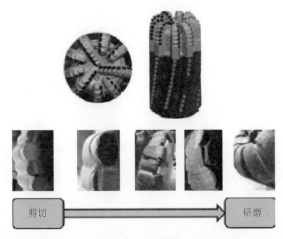

图 1-6 Kinetic PDC-孕镶块混合式钻头

Kinetic PDC-孕镶块混合式钻头选用了特殊材料，这种特殊材料使 Kinetic PDC-孕镶块混合式钻头在硬地层钻进中耐磨性好，性能高。这种特殊材料就是砂粒热压镶齿，即融合了金刚石晶体与碳化钨胎体粉末的镶齿。砂粒热压镶齿采用的造粒工艺能保证金刚石均匀分布，是传统镶齿无法实现的。该工艺使得 Kinetic PDC-孕镶块混合式钻头更加耐磨，且在较长钻进周期中钻速更高。

除了选用砂粒热压镶齿，Kinetic PDC-孕镶块混合式钻头的基质孕镶胎体也经过了专门的工程设计，提高了金刚石质量及包镶能力，并改进了保径块上的热稳定聚晶金刚石镶齿。放置热稳定聚晶金刚石镶齿能够最大限度地提高保径能力，其可在极端研磨环境中增加耐磨性。

Kinetic PDC-孕镶块混合式钻头结构设计的关键在于其水力学特性，该设计使其能在混合岩性地层中有效、高速钻进，且减少因更换钻头类型所需的起下钻次数。中心流体的分配以及精确的水眼配置强化了钻头冷却和清洁能力，该性能在较软地层中钻进时尤为重要。

Kinetic PDC-孕镶块混合式钻头的切削齿结构提高了该钻头的单只钻头寿命和平均机械钻速。将优质 PDC 切削齿布置在刀翼切削面上，由孕镶材料进行支撑以确保耐磨性。切削结构设计的另一特点是增加了刀翼高度，加大了金刚石材料面积，进一步提高突起部分和台肩的耐磨性，并维持保径块的保护作用，刀翼高度增加的孕镶块钻头能比常规孕镶块钻头获得更大的进尺。

Kinetic PDC-孕镶块混合式钻头的剖面设计可以根据应用地层和配合应用的驱动工具的具体情况进行个性化定制。

　　在实际应用中，对于硬质研磨性地层，Kinetic PDC-孕镶块混合式钻头的耐用性和平均机械钻速表现较好，若与涡轮钻具和高速容积式马达配套使用，其应用效果会更佳。

　　在墨西哥南部 Terra 油田 Terra 21 井 ϕ215.9mm 井眼 4522.92～4900.87m 的白垩系含燧石井段，邻井 Terra 3 井相关井段使用旋转导向系统进行了 3 次起下钻才完成该井段，使用了 2 只 PDC 钻头和 1 只牙轮钻头，平均机械钻速为 1.74m/h。Terra 21 井 ϕ215.9mm 井段仅使用 1 只 Kinetic PDC-孕镶块混合式钻头即钻穿，因为在钻井过程中需要更换涡轮钻具，所以进行了两次起下钻，平均机械钻速高达 2.24m/h，比 Terra 3 井提高 28.7%。

　　国民油井华高（National Oilwell Varco，NOV）公司在 2013 年也推出 PDC-孕镶块混合式钻头——Fusetek PDC-孕镶块混合式钻头，如图 1-7 所示，该钻头也将 PDC 钻头的应用地层由中硬地层扩展到坚硬、研磨性地层。

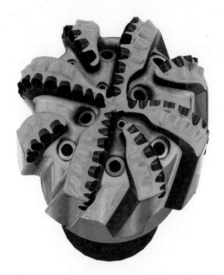

图 1-7　Fusetek PDC-孕镶块混合式钻头

　　Fusetek PDC-孕镶块混合式钻头近年来在国内渤海湾及塔里木地区进行了应用，提速效果显著。渤海湾地区引进的 Fusetek PDC-孕镶块混合式钻头应用于含薄泥岩夹层的粗砂岩中钻进，工作寿命是以前所用 PDC 钻头的 2 倍多。在塔里木油田克深地区吉迪克、苏维依组含砾石层、石英砂岩层采用该钻头钻井，以 1.98m/h 的平均机械钻速钻进 177m，较邻井 PDC 钻头的钻井效率大幅提高。

　　除史密斯钻头公司、国民油井华高公司外，其他国外钻头厂商也开发了 PDC-孕镶块混合式钻头，如瓦瑞公司等。目前国内企业也已成功开发相应产品，如四川万吉金刚石钻头有限公司的 WS566AMH 钻头在四川长宁研磨性难钻地层应用效果较好。

1.3　自适应 PDC 钻头

2017 年 3 月 14 日，贝克休斯公司推出了 TerrAdapt 钻头，首次在钻头中设计了自调节切削深度控制元件（图 1-8）。自调节切削深度控制元件能根据正在钻进的地层情况自动调整钻头切削齿吃入地层的深度，从而减少震动、黏滑和冲击载荷，获得更高的平均机械钻速，显著缩短非生产时间。

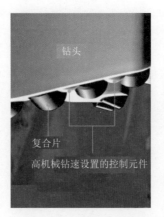

图 1-8　TerrAdapt 钻头自调节切削深度控制元件

通常情况下，绝大部分井段都包含多个地层，每个地层的岩石类型也不相同，但是现有绝大部分 PDC 钻头切削齿出露高度固定，这样就只能在某一种岩石类型的地层中获得最佳钻进性能。钻头在不同类型岩石之间钻进时容易产生震动，引起黏滑，因此切削齿出露高度固定的钻头在某些区域能平滑钻进，在其他区域却容易出现性能不稳定且钻井效率低的情况。

TerrAdapt 钻头的自调节切削深度控制元件能够根据地层情况自动调节出露高度，使钻头切削齿形成最佳切削深度，防止钻头在不同类型岩石或井段之间钻进时发生震动和黏滑。在钻穿易黏滑段之后，元件自动回缩，并恢复到较高机械钻速继续钻进。该元件还能吸收任何可损坏钻头切削结构的突然过载和震动，显著降低了钻头切削齿和其他井下钻具组合硬件及电子元件损坏的概率。

在美国得克萨斯州 Reeves 县 Delaware 盆地的应用中，TerrAdapt 钻头的价值得到验证。ϕ311.2mm 技术套管井段为页岩、石灰岩和盐岩的交互性地层，作业者在采用常规 PDC 钻头钻进该井段时，出现了钻头性能不稳定的情况。超高的扭矩波动和黏滑大大降低了钻井效率，井下工具失效导致非生产时间及作业成本增加。

于是作业者选择采用 TerrAdapt 钻头钻进该井段（图 1-9）。TerrAdapt 钻头一趟钻完成进尺 1023m，与采用常规 PDC 钻头的邻井相比，进尺增加 217m，增幅约为 27%。采用该钻头平均机械钻速达到 51.2m/h，比邻井相同井段采用常规 PDC 钻头的平均机械钻速提高 27%。另外，该钻头降低了 90% 的扭矩震动，黏滑大大降低，且井下钻具组合在整个过程中无损伤。

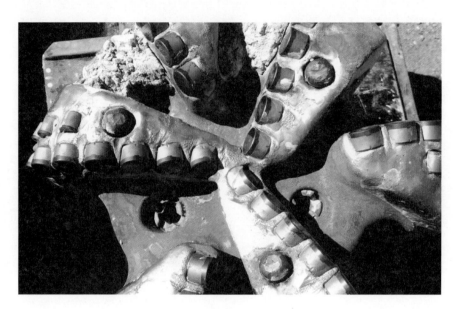

图 1-9　完钻后的 TerrAdapt 钻头

1.4　微心 PDC 钻头

在一些以河流、扇三角洲、三角洲和水下扇为主的沉积环境中，岩性、物性等地质条件十分复杂，发育大量岩性圈闭油气藏。这类气藏油气层岩性与盖层相同或近似相同，例如，四川川中须家河组经常在低渗透致密砂岩包裹有含气砂岩储层，俗称"砂包砂"，这类气藏钻井时地质卡层难度大。为准确进行地质评价，这类地层在钻井过程中要么中途取心，要么采用牙轮钻头钻出大岩屑帮助卡层，但牙轮钻头钻时长，行程钻速低，钻井综合效益差。

针对上述问题，道达尔（Total）公司 R&D 深层油气藏部门研发了微心（MicroCORE）PDC 钻头（图 1-10）。该钻头能随钻切取直径 15mm、长 5～30mm 的小直径微岩心，同时可以提高破岩效率。该钻头用于深部坚硬地层和高温高压钻井，现场应用提速 40%～80%，并且能够连续提供较大的高质量岩心碎块。

图 1-10　微心 PDC 钻头

1.4.1　微心 PDC 钻头技术关键

微心 PDC 钻头是在正常钻进过程中留取小尺寸岩心而设计的一种钻头，可以在快速钻进的同时监测地层，钻出的微岩心和钻屑被一起从环空带出地面。

微心 PDC 钻头的设计理念是通过改变微岩心的切削方式来提高钻速，目标是提高平均机械钻速和行程钻速，同时尽可能取得完整微岩心以帮助更好地对地层进行地质评价。普通钻头中心位置的钻速较低，微心 PDC 钻头不仅提高了钻头中心位置的钻速，还可得到齐全、高质量的岩心供地质人员分析。

与常规 PDC 钻头相比，微心 PDC 钻头一方面可提高钻速达 35%，另一方面可得到长 5～30mm 的微岩心供地质评价，不用反复起下钻，节约了成本。

1.4.2　微心 PDC 钻头的优势及适用范围

与传统钻头相比，微心 PDC 钻头的优势是：①可形成微岩心，供地质分析、评价，且同样适用于硬地层。②提高了平均机械钻速。普通钻头的切削面上，中心位置的钻速较低。微心 PDC 钻头避免了这一点，大大提高了中心位置钻速。

微心 PDC 钻头适用范围：高温高压井；中到硬质地层；大斜度井。

微心 PDC 钻头驱动系统：转盘、马达、旋转导向系统或涡轮。

1.4.3　微岩心形成过程

在钻进过程中，微岩心柱在微心钻头的中心槽中不断变长，遇到顶部的微岩心切削齿时，侧向力将微岩心柱切断；形成的微岩心柱通过导流槽从钻杆外环空由钻井液带到地面（图 1-11）。

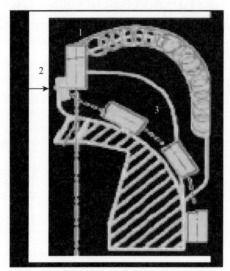

(a) 微岩心钻取示意图　　　　　　　　　(b) 微心PDC钻头岩心形成3D图

图 1-11　微岩心形成

1. 微心 PDC 钻头中心间隙处形成岩心；2. 微岩心被顶部切削齿折断后进入导流槽；
3. 微岩心随钻井液在导流槽内上返

1.4.4　微心 PDC 钻头现场应用

微心 PDC 钻头在国内的冀东油田 3 号构造新堡古 2 平台及塔里木油田迪北区块等地均有成功的试验应用。

在冀东油田 3 号构造新堡古 2 平台，钻井所用的钻头平均机械钻速为 3～5m/h，地层可钻性较差，钻头磨损严重。微心 PDC 钻头的应用，提高了平均机械钻速和行程钻速，同时取得完整的微岩心以更好地对地层进行地质评价，避免了牙轮脱落的风险。

在塔里木油田迪北区块，迪北 101 井和迪北 102 井均使用油基钻井液钻进，迪北 101 井在阿合组砂砾岩地层钻进时共使用 4 只普通胎体 PDC 钻头，进尺分别为 37.93m（平均机械钻速 0.98m/h）、74.00m（平均机械钻速 1.12m/h）、50.00m（平均机械钻速 0.89m/h）、101.00m（平均机械钻速 1.22m/h）。与迪北 101 井相同地层普通胎体 PDC 钻头相比，迪北 102 井微心 PDC 钻头在平均机械钻速和单只钻头进尺上有比较明显的优势。迪北 101 井普通胎体 PDC 钻头平均机械钻速为 1.08m/h，而微心 PDC 钻头平均机械钻速为 1.5m/h，提高了 38.8%；迪北 101 井普通胎体 PDC 钻头平均单只钻头进尺为 65.70m，而微心 PDC 钻头平均单只钻头进尺为 119.80m，提高了 82.3%。使用微心 PDC 钻头还带出了 2 块地层岩心，获取了地质资料。

1.5　页岩气定向专用 PDC 钻头

贝克休斯公司的 Talon 3D 矢量 PDC 钻头有许多专门为页岩气定向钻井设计的特征，如图 1-12 所示。该钻头采用一体式刚体结构，单排低密度大齿径布齿，发散式大排屑槽，具有较高的攻击性、排屑能力和清洗效率，有利于页岩软地层提速和大斜度井、水平井的顺利下钻；短保径、浅内锥结构，造斜能力强，扭矩稳定，适合定向造斜钻井。StayTough 表面敷焊技术以独有的耐磨材料可有效减少磨损和冲蚀，提高钻头寿命。该钻头在机械钻速、定向性能、钻头寿命三方面均表现较好，可以实现一趟钻完成页岩层段造斜段和水平段钻进。

图 1-12　Talon 3D 矢量 PDC 钻头

在得克萨斯州 Eagle Ford 页岩气井钻井中，作业者使用一只 ϕ222.3mm Talon 3D 矢量 PDC 钻头钻进 2961m，平均机械钻速 24.2m/h，一趟钻完成造斜段和水平段钻进，将 9d 的计划完钻时间缩短到 7d。

1.6　双径 PDC 钻头

道达尔公司针对难钻火山岩地层研制出双径 PDC 钻头（图 1-13），该钻头配合低转速高扭矩马达，在 Shetland 地区的火山岩钻进时提速效果显著。

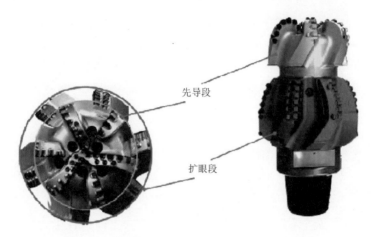

先导段

扩眼段

图 1-13　双径 PDC 钻头

双径 PDC 钻头为两级同心钻头，由先导段和扩眼段两部分组成。它的破岩原理有两方面：一是先通过小直径的先导段 PDC 切削结构钻入坚硬的玄武岩地层，用相对低的能量破坏岩石的应力结构，然后由扩眼段 PDC 切削结构钻入已被破坏应力结构的玄武岩地层；二是该钻头与地层接触面积较大，且小直径钻头部分先吃入岩石，因此同比常规 PDC 钻头，其井下震动较小。基于这两点，双径 PDC 钻头比常规 PDC 钻头具有更高的硬地层破岩效率。

道达尔公司在研制钻头过程中，在室内使用不同双径结构的 PDC 钻头模拟钻入井下不同围压的玄武岩样品，从而选出最优的 PDC 钻头设计方案。

在试验井 ϕ311.2mm 井眼段，采用井下记录仪测量井下震动情况。在双径 PDC 钻头钻遇 67m 层厚的玄武岩时，监测到钻头附近有较大的横向震动，其他地层震动较小，该钻头一趟钻钻进 1030m，平均机械钻速达 11.3m/h，创造区块平均机械钻速纪录，节约钻井周期 5d。

第2章 国外PDC钻头切削齿结构新技术

切削齿是PDC钻头的基本切削单元，是PDC钻头核心技术的载体，其性能对PDC钻头的钻进效果起决定性作用。近年来，针对硬地层、研磨性地层、非均质地层等钻井难题，国外钻头厂商设计了一系列新型高性能PDC钻头切削齿。新型切削齿的应用显著提高了难钻地层平均机械钻速和单只钻头进尺，降低了作业成本，从而进一步拓宽了PDC钻头的应用范围。

2.1 双倒角切削齿

贝克休斯公司开发的双倒角切削齿采用的是双倒角结构设计，即在PDC上增加一条脊线，将PDC所受压力分散到更大的面积上，增强切削齿在研磨性地层或受到冲击载荷时碎裂掉齿失效的抵抗能力，显著延长钻头的使用寿命（图2-1）。

(a) 双倒角切削齿

(b) 安装双倒角切削齿的Kymera牙轮-PDC混合式钻头

图2-1 双倒角切削齿及安装双倒角切削齿的 Kymera 牙轮-PDC 混合式钻头

实钻结果表明，与常规平面齿相比，双倒角切削齿的抗冲击能力提高了 3 倍以上，且使用双倒角切削齿的钻头扭矩更小，切削产生的岩屑更细，清洁井眼也更容易。

英国北海油田某区块 ϕ444.5mm 井眼末段夹杂有石灰岩，作业者刚开始使用常规 PDC 钻头，在含有石灰岩夹层井段平均机械钻速低至 5.0m/h，切削齿损坏严重。作业者后采用具有常规切削齿的 Kymera 牙轮-PDC 混合式钻头，平均机械钻速提高至 19.4m/h，但起钻后发现该钻头切削齿磨损严重。为进一步提高钻井效率并降低磨损，作业者采用安装双倒角切削齿的新型 Kymera 牙轮-PDC 混合式钻头，在该区块另一口井相关井段中共钻进 828m，平均机械钻速达 23.3m/h。钻头从井下取出后磨损评级为 1-1-TD，所有的双倒角切削齿都没有发生崩裂与掉齿现象。

2.2　多维切削齿

在砂岩与碳酸盐岩等耐磨性极强的钻井环境中，钻头的破岩性能与切削齿的耐热性能密切相关。切削齿过度受热会使其磨损速率加大，导致平均机械钻速降低。为此，贝克休斯公司推出了 StayCool 多维切削齿（图 2-2），其应用范围包括常规和非常规油气井、深水井、扩眼作业。

图 2-2　StayCool 多维切削齿

StayCool 多维切削齿采用独特的空间嵌合技术和抛光技术，能最大限度减小钻进过程中钻头与井下岩石之间的摩擦力，避免产生过多的热量。这项技术使切削齿尽可能保持较低温度，从而延长钻头寿命，提高钻井效率。

贝克休斯公司采用金刚石分层烧结工艺，精确定制每一个切削齿的结构，包括异常耐磨的工作面、锐利的切削边缘和持久耐冲击的支撑结构。切削齿独特的多维几何形状，使之始终以较大的角度与岩石接触，提高了耐用性。

此外，StayCool 多维切削齿采用新型界面设计，改进了应力分布，降低了切削齿碎裂和剥落的概率，延长了钻头寿命。

2.2.1　StayCool 多维切削齿的技术优势

1. 低温钻进，作业更有效

切削齿过度受热会加快其磨损，导致平均机械钻速降低、机械比能增加或浪费能量，不能直接将能量传输到岩石钻进中。试验显示，应用 StayCool 技术的多维切削齿在工作面上所产生的热量比传统平面切削齿低 50%（图 2-3）。通过显著降低切削齿工作面上的热量，StayCool 多维切削齿可以将碎裂和剥落概率降到最低，从而以较高的切削效率保持更长的单趟钻进时间。

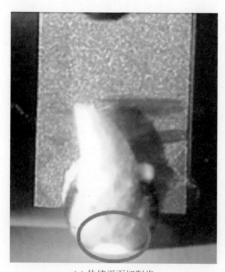 

(a) 传统平面切削齿　　　　　　　　　(b) StayCool 多维切削齿

图 2-3　传统平面切削齿与贝克休斯 StayCool 多维切削齿产热量试验对比

2. 磨损后仍能保持攻击性

StayCool 多维切削齿为独特的多维几何形态，当切削齿磨损时，由于 StayCool 多维切削齿金刚石面是内凹形状，其切削力的垂直方向不断变化，与钻头本体钻垂方向一直保持较低的夹角，从而保持了切削齿较小的后倾角，保证了切削齿具有较强的攻击性，即 StayCool 切削齿会自动磨锐，一直保持较强的切削攻击性（图 2-4）。

新切削齿　　　　　　　　　　T1磨损状态　　　　　　　　　　T3磨损状态

图 2-4　StayCool 多维切削齿在磨损过程中保持切削能力示意图

箭头方向为切削力的垂直方向

传统平面切削齿不具备这样的优势，反而是随着切削齿的磨损而变得更加钝化，因而在整个钻头单趟钻进过程中逐渐失去攻击性。StayCool 多维切削齿钝化得越平坦越光滑，切削齿则越具攻击性，钻头在单趟钻进过程中就能够以更高的机械钻速钻进更长时间。

StayCool 多维切削齿在加工过程中混合了金刚石，使得钻头具备特殊抗磨工作面、尖锐切削刃及耐用耐冲击结构，可以更加高效地适用于各种特殊作业。

2.2.2　应用实例

StayCool 多维切削齿最初应用于美国怀俄明州 Pinedale 背斜构造的生产井，随后在 Pinedale 背斜构造进行了大规模试验，然后在俄克拉荷马州的 Cana Woodford 油田进行了现场应用。据不完全统计，有 20 多个作业者在美国 6 个不同构造使用了具有 StayCool 多维切削齿的 PDC 钻头，共下钻 89 趟次，钻进 88087.2m。

1. 在 Pinedale 背斜的应用

在怀俄明州西南部的 Green River 盆地的 Pinedale 背斜 ϕ152.4~155.6mm 产层井段，首次试验具有 StayCool 多维切削齿的 PDC 钻头钻进研磨性砂岩页岩交互夹层（图 2-5）。目标层段井深为 2438~4267m，需要采用多只钻头才能钻达完钻井深。砂岩岩石单轴抗压强度不高，仅为 68.95~172.38MPa，但因井深和钻井液密度大，无侧限抗压强度估计高达 689.5MPa。Pinedale 背斜砂岩中的钻头平均机械钻速一般较低，而在页岩中较高。

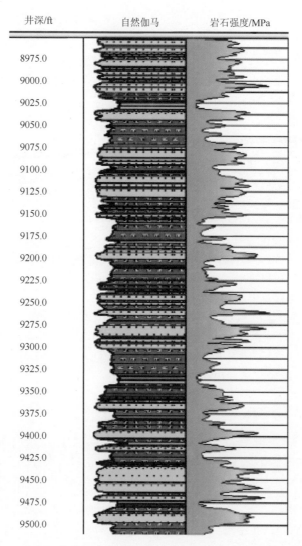

图 2-5　Pinedale 背斜研磨性砂岩页岩交互层自然伽马、岩石强度剖面图

　　此前常规 PDC 钻头在钻进过程中切削齿上都会出现大量的磨损面，切削齿大量剥落，钻头寿命较短（图 2-6）。虽然在试验中 StayCool 多维切削齿 PDC 钻头切削齿也出现了大量磨损面，但其具有在磨损中变得更加尖锐的功能，能高效地钻进更多进尺。

(a) 非平面切削齿　　　　　　　　　　　(b) 平面切削齿

图 2-6　Pinedale 背斜应用非平面切削齿与平面切削齿的钝化情况对比
（磨损稍微大一点是因为非平面切削齿钻进进尺更长）

在 Pinedale 构造产层段，StayCool 多维切削齿 PDC 钻头下钻 50 趟次，共钻进 47548.8m，与先前的常规切削齿 PDC 钻头相比，平均单只 PDC 钻头进尺提高 12%，平均机械钻速提高 15%。StayCool 多维切削齿 PDC 钻头在该产层段中创造单只钻头进尺最长、平均机械钻速最高纪录。

2. 在 Cana Woodford 油田的应用

位于俄克拉荷马州加拿大镇的 Cana Woodford 油田，采用常规切削齿 PDC 钻头在钻 ϕ311.2mm 井段时难以一趟钻完成。2250m 井深附近的硬研磨性 Tonkawa 砂岩，初始岩石抗压强度非常高，研磨性强。高岩石强度和强研磨性会加重 PDC 钻头切削齿的磨损，增加切削结构上的热负荷。标准平面切削齿 PDC 钻头通常可以一趟钻钻完 Tonkawa 砂岩段，但很难继续钻完 ϕ311.2mm 井段中 2800m 左右井深的砂岩、灰岩和页岩交互夹层段。

Cana Woodford 油田应用 StayCool 多维切削齿 PDC 钻头后证实，这种切削齿在钻进不同地层时能获得较高的平均机械钻速，且单只钻头进尺高，降低了钻井成本。钻头上多维切削齿磨损程度较小，且磨损后切削齿前缘仍较锋利，如图 2-7 所示。

应用结果表明，采用 StayCool 多维切削齿 PDC 钻头钻进 Cana Woodford 油田的硬质砂岩与灰岩交互夹层时，与标准平面切削齿 PDC 钻头相比，平均机械钻速提高 10%，平均单只钻头进尺提高 37%。

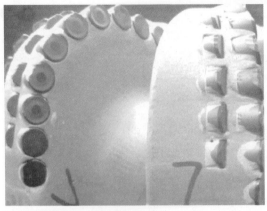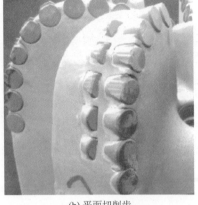

(a) 非平面切削齿　　　　　　　　　　　　　　　(b) 平面切削齿

图 2-7　钻进 Cana Woodford 油田中间层段非平面与平面切削齿的钝化情况对比

2.3　凿形切削齿

贝克休斯公司的 StayTrue 技术通过在 PDC 钻头上安装凿形切削齿（图 2-8、图 2-9），可以减少井下钻头横向震动、钻头回旋等，保持钻头工作稳定性，提高破岩效率。在 Delaware 盆地等区块的试验表明，运用此技术的钻头平均机械钻速更高、单只钻头进尺更长。

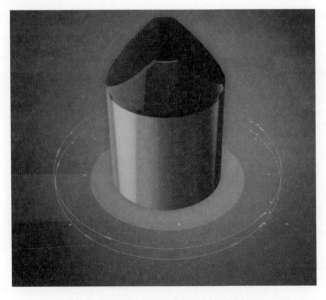

图 2-8　应用 StayTrue 技术的凿形切削齿

图 2-9　凿形切削齿安装位置

井下钻头横向震动和钻头回旋等问题很难被发现，但国外研究表明，它们正是造成钻头崩齿、性能不稳定、效率降低、成本增加的重要因素。当遇到上述问题时，作业者通常有两种选择：①增加切削齿数量，这种方法可以延长钻头的寿命，但会大大降低平均机械钻速；②减少切削齿数量，这种方法可以获更高的平均机械钻速，但会导致钻头严重受损。

StayTrue 技术采用独特的凿形切削齿设计，精心设计的凿形切削齿可以使钻头处于井眼中心处，震动减少 40%，同时也减少了钻头回旋的可能，使钻头工作平稳，并使井筒保持平滑且尺寸均一。基于其特有的凿形切削齿结构，钻头的耐久性可达圆锥形切削齿的两倍，钻头可以在保持寿命和平均机械钻速的同时，最大限度减小井下横向震动和钻头回旋等发生概率。凿形切削齿使钻头的寿命更长，同时降低成本。凿形切削齿应用范围包括硬质地层及夹层地层、其他井下震动/钻头回旋易发生的地层。

凿形切削齿的技术特征与优势体现在以下几点：①独特的凿形形状。增强钻头稳定性，降低水平震动，缓减钻头回旋，提高切削齿耐用性。②较厚的金刚石台面。提高切削齿耐用性及寿命；防止切削齿碎裂。③单点接触切削刃。利于低钻压下高效钻进，提高吃入能力，提高平均机械钻速。

2.3.1　采用 Dynamus 长寿命凿形切削齿的 PDC 钻头

贝克休斯公司于 2017 年 5 月推出采用 Dynamus 长寿命凿形切削齿的 PDC 钻头（图 2-10），该钻头抗磨性好、使用寿命长，在强化钻井参数作业条件下，可有效减少更换钻头或井下钻具组合等引起的起下钻次数，从而大幅降低钻井成本。

Dynamus 长寿命凿形切削齿 PDC 钻头具有结实耐用的钻头本体结构，并且设置了可以减少横向震动的稳定元件，以及降低磨损的专利切削齿。减少横向震动不仅能延长钻头使用寿命，还能帮助延长其他井下钻具组合的使用寿命，从而获得稳定的钻井性能，并提高井眼质量。该钻头的长寿命凿形切削齿在大部分类型地层中钻进都能表现出卓越的性能，可以使切削齿在钻进过程中尽可能保持较低温度，从而减少热量产生过多引起的切削齿磨损和提前弱化。

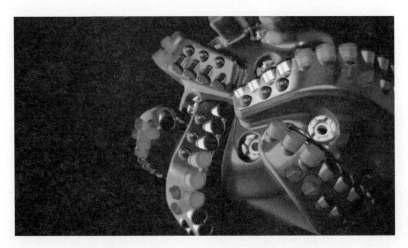

图 2-10　Dynamus 长寿命凿形切削齿 PDC 钻头

　　作业者在钻进较硬地层和夹层层段时，会采用更高的水马力、扭矩和钻压，通常会导致严重的井下震动，切削齿极可能提前损坏，钻头胎体也可能被冲蚀，从而增加非计划性起下钻。在成本高昂的钻井作业中，由钻头提前损坏或井下钻具组合提前损坏等引起的额外非计划性起下钻费用可能高达数百万美元。

　　Dynamus 长寿命凿形切削齿 PDC 钻头还具有非常坚固的胎体材料，可用于易使传统 PDC 钻头损坏的高强度极端作业环境中。同时，该钻头在设计阶段就进行有限元分析，用于精确模拟预测凿形切削齿在实际运用中可能出现的各种反应。这些模拟预测能够帮助设计团队更好地优化钻头的刀翼强度和结构，从而降低复杂环境中应用的风险。

　　Dynamus 长寿命凿形切削齿 PDC 钻头在 Delaware 盆地的应用取得了显著的成效。使用该钻头在钻进 ϕ311.2mm 垂直井段时，钻遇软硬交错地层，Dynamus 长寿命凿形切削齿 PDC 钻头一趟钻完 1888m，比之前采用的任何一款 ϕ311.2mm 外径钻头的进尺都长，并且平均机械钻速更高。Dynamus 长寿命凿形切削齿 PDC 钻头的平均机械钻速为 25.6m/h，比采用其他钻头的邻井的平均机械钻速提高了 32%。

　　采用 Dynamus 长寿命凿形切削齿 PDC 钻头，作业者能够一趟钻完成相关层段，而之前钻进相同层段通常需要多次起下钻。完钻后对钻头进行评价分析得知，

Dynamus 长寿命凿形切削齿 PDC 钻头的钝化情况为 1-1，邻井钻头为 3-4，Dynamus 长寿命凿形切削齿 PDC 钻头的磨损降低了 70%（图 2-11），而且 Dynamus 长寿命凿形切削齿 PDC 钻头的钻井进尺还更长。Dynamus 长寿命凿形切削齿 PDC 钻头能够有效削弱过度钻井冲击力，这是邻井钻头无法实现的。

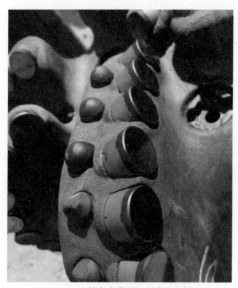 

(a) Dynamus长寿命凿形切削齿PDC钻头　　　　　　　　　　(b) 邻井钻头

图 2-11　Dynamus 长寿命凿形切削齿 PDC 钻头基本无磨损，邻井钻头磨损较大

2.3.2　应用实例

1. 案例 1——得克萨斯州 Delaware 盆地

作业者在得克萨斯州 Delaware 盆地 ϕ222.25mm 井眼段页岩、石灰岩、砂岩（含硬白云石和黄铁矿）钻井时遇到了钻头不稳定、钻井效率低的问题。在此之前，完成相关井段钻进至少需要两只钻头，急需采用高效钻头降低钻井成本，提高钻井效率。

基于该区块的地质情况及此前钻头的损坏情况，作业者认为，在钻井过程中，不同岩性的地层转变会引发钻头的横向震动和冲击震动，造成钻头先期损坏。于是作业者选择应用 StayTrue 技术的 7 刀翼 Talon Force PDC 钻头。使用该钻头一趟钻即轻松钻达设计井深，超出常规 PDC 钻头进尺 774m，平均机械钻速也从 22m/h 提高到 31m/h。

为进一步验证 StayTrue 技术的有效性，作业者在 Talon Force PDC 钻头运行中加入了 MultiSense 测量模块。MultiSense 模块收集的数据显示，此次钻进的平滑钻井时间相对未采用 StayTrue 技术的钻头增加了 42 个百分点（图 2-12）。

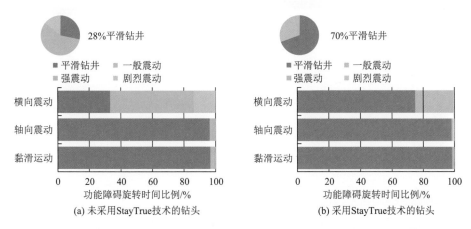

图 2-12 采用 StayTrue 技术的钻头与未采用 StayTrue 技术的钻头作业性能对比

MultiSense 测量模块在帕米亚盆地收集的钻头数据也显示,采用 StayTrue 技术的 ϕ222.25mm 7 刀翼 Talon Force PDC 钻头有效减少了横向震动,使平滑钻井比例达到 70%。而未采用 StayTrue 技术的钻头则出现了钻进不平稳、钻头过早损坏等问题。

通过减少横向震动,采用 StayTrue 技术的钻头能够在具有挑战性的过渡地层多钻 66%的进尺,且平均机械钻速提高了 40%。尽管运用了 StayTrue 技术的钻头进尺比邻井的未采用 StayTrue 技术的钻头更长,但其钝化程度却与邻井钻头相当,这无疑表明 StayTrue 技术可以提高钻头平均机械钻速、延长钻头寿命。

2. 案例 2——俄克拉荷马州 SCOOP 页岩气区块

俄克拉荷马州 SCOOP 页岩气区块的钻井技术人员在钻一个极具挑战性的垂直段时迫切需要减少钻头数量。ϕ311.2mm 井段需要先钻过 Hogshooter 地层才能钻达 Woodford 页岩产层,但 Hogshooter 地层地质坚硬,同时具有高强度的砂岩、石灰岩和白云石,往往会使钻头过早损坏。

在仔细研究了钻井设计后,贝克休斯公司推荐作业者使用具有 StayTrue 技术的 7 刀翼 Talon Force PDC 钻头。作业中,对比井相关井段需要使用至少两只常规 PDC 钻头,Talon Force PDC 钻头一趟钻即平滑地钻过 Hogshooter 地层,并钻达目标井深(图 2-13)。与邻井相比,除降低钻井周期外,StayTrue 技术还在不牺牲钻头平均机械钻速的前提下增加了 142%的钻头进尺。钻完相关井段后,Talon Force PDC 钻头的钝化情况与常规 PDC 钻头相比还有了显著改善。

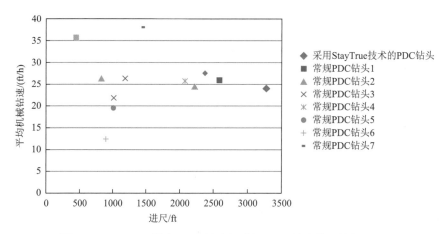

图 2-13　StayTrue 技术 PDC 钻头与常规 PDC 钻头作业性能对比

2.4　旋转切削齿

固定切削齿目前在石油行业中占统治地位，但是其具有固有的局限性，即切削齿固定在刀翼上，只有小部分刀刃与地层接触，因此在钻头钻进中，超过 60% 的切削齿一直无法使用。

斯伦贝谢公司旗下的史密斯钻头公司推出了行业首创的 ONYX 360°旋转切削齿（图 2-14），该切削齿可在钻进时 360°旋转，显著提高钻头在高研磨性地层中的耐磨性，延长钻头寿命并增加进尺。

(a) ONYX 360°旋转切削齿　　　　　　(b) ONYX 360°旋转切削齿安装在钻头刀翼上

图 2-14　ONYX 360°旋转切削齿及安装

ONYX 360°旋转切削齿采用了全新的切削设计理念，切削齿安装在保护套内，然后将保护套焊接在刀翼上，这种设计在保护切削齿的同时能够使其自由旋转。当切削齿与地层接触时，在 PDC 钻头的转动下，切削齿与地层之间形成切向力，驱动切削齿旋转，其切削齿磨损是 360°磨损，相对于常规固定切削齿只有小部分刀刃磨损来讲，它可使切削齿上的热量分布更加均匀，降低切削齿因热破坏崩齿的概率，并大幅降低其磨损程度。因具有独特的旋转性能，ONYX 360°旋转切削齿较常规固定切削齿是一个质的飞跃，ONYX 360°旋转切削齿相对常规固定切削齿最大的优势在于能显著降低因更换磨损钻头而发生的起下钻次数。

澳大利亚海上作业者在极硬、强研磨性的 Plover 组钻 ϕ215.9mm 井眼，通常用一只 PDC 钻头下钻只能钻进 40m 左右，且平均机械钻速非常低，强扭矩、黏滑等严重影响井下钻具组合的可靠性及井眼质量。史密斯钻头公司的工程师利用集成设计平台，在 8 个钻头刀翼的最易研磨的台阶上各安装了 2 个 13mm ONYX 360°旋转切削齿。作业者在同一平台上使用带有旋转切削齿的 PDC 钻头和常规固定切削齿的 PDC 钻头，对比其作业性能，结果是一只带有 ONYX 360°旋转切削齿的 PDC 钻头钻完整个 Plover 组，平均机械钻速为 9.12m/h，比邻井最快的常规固定切削齿的 PDC 钻头高 286%。在邻井相同层位，用 4 只常规固定切削齿的 PDC 钻头才能钻穿该层，多出的 3 趟起下钻使作业者多花费 100 万美元。

国内塔里木油田库车山前大北、克深等区块，其目的层为白垩系巴什基奇克组，巴什基奇克组顶部岩性为中厚层状灰褐色细砂岩、中下部为砂泥岩，其胶结强度高，含石英，埋深在 6700～6950m，厚度 250m 左右。由于相关地层极硬，研磨性强，可钻性差，此前使用各类 PDC 钻头的单只钻头进尺均较低，一般在 50m 以内，平均机械钻速在 0.7m/h 左右。2013 年后，作业者大量使用 ONYX 360°旋转切削齿 PDC 钻头，据不完全统计，在盐下目的层应用超过 20 井次，累计进尺超过 1500m，平均机械钻速 0.78m/h，比其他固定切削齿的 PDC 钻头略高，但平均单只钻头进尺达到 73m，较其他固定切削齿的 PDC 钻头提高 1.7 倍以上，提速效果显著。

2.5　锥形切削齿

史密斯钻头公司继 2013 年推出在 PDC 钻头中心布置一颗锥形切削齿的 Stinger 钻头之后，2014 年又推出了大量分布锥形切削齿的 StingBlade 钻头（图 2-15）。每一款 StingBlade 钻头都是采用集成钻头设计平台设计的，根据各种不同地层特性及钻进需求将锥形切削齿设计安装在钻头面上，形成各种独特布齿的锥形切削齿钻头。

图 2-15　分布锥形切削齿的 StingBlade 钻头

2.5.1　技术优势

锥形切削齿相对普通平面切削齿具有许多优势。

1. 显著提高钻进进尺与平均机械钻速

锥形切削齿可以将载荷集中于一点进行破岩，切削齿较厚的金刚石面提高了钻头耐磨性，显著提高了钻头平均机械钻速与进尺，在 Permian 盆地，StingBlade 钻头提高单只钻头进尺 77%，提高平均机械钻速 29%。

2. 造斜率更高，工具面角控制更好

StingBlade 钻头总扭矩低于普通平面切削齿 PDC 钻头，可以在定向时达到更高的造斜率，且利于工具面角控制。在得克萨斯州南部夹层地层造斜段钻进时，StingBlade 钻头以比其他钻头高 23% 的造斜率和低扭矩完成造斜段。

3. 增强稳定性，降低井下钻具组合震动

锥形切削齿钻头钻井过程中震动低，能以更高的平均机械钻速钻进更长的井段，延长钻头和井下钻具组合寿命。与普通平面切削齿 PDC 钻头相比，StingBlade 钻头产生的横向震动降低 53%，轴向震动降低 37%。

4. 钻屑块更大，便于进行精确的地面地层评价

锥形切削齿的载荷集中于一点，对坚硬岩石具有预破碎功能，便于钻头上其

他平面切削齿切削，可使钻头钻出更大块的钻屑，便于在井场现场进行矿物学、孔隙度、渗透率及烃含量分析。在哈萨克斯坦，在保持最佳钻速的同时，地质工程师对 StingBlade 钻头取得的大块硬质碳酸盐岩钻屑在现场就进行了岩性及特性鉴定分析。

5. 切削强度更高

在给定钻压下，锥形切削齿比常规切削齿更能将载荷集中于一点作用到岩石上，这种高集中力再结合高切削强度和耐磨性，使 StingBlade 钻头可以钻穿采用常规钻头易出问题的地层。

锥形切削齿比常规切削齿的金刚石面更厚，因此具有更高的切削强度，且抗冲击性更强。在 80kN 直接对比试验中（图 2-16），常规切削齿在第一次冲击中就出现磨损，而锥形切削齿则可冲击 100 多次。

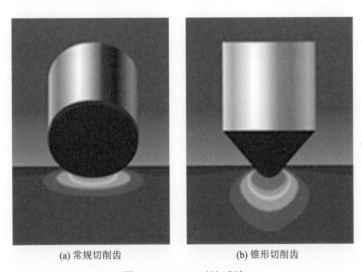

(a) 常规切削齿　　　　　　　　(b) 锥形切削齿

图 2-16　80kN 对比试验

大量建模和仿真模拟表明，锥形切削齿钻头钻进时震动更小（图 2-17）。

2.5.2　应用实例

据不完全统计，StingBlade 钻头已经在 14 个国家开展了 750 次现场试验，平均机械钻速提高 30%，钻头进尺增加 55%。

作业商 Mangyshlak Munai 利用 StingBlade 钻头在哈萨克斯坦南部 Pridorozhnoye 气田的复杂地层钻进，平均机械钻速比其他钻头提高 55%，创该气田平均机械钻速最高纪录，节约钻井周期 27d。

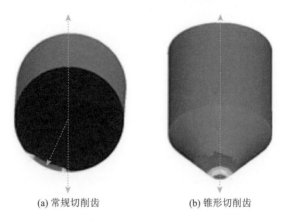

(a) 常规切削齿　　　　　　　(b) 锥形切削齿

图 2-17　常规切削齿与锥形切削齿仿真震动对比

　　Pridorozhnoye 气田 16#井 ϕ215.9mm 井段下部石炭系含有石英质的碳酸盐岩，而且古生界泥盆系软页岩中还夹杂硬砂岩与砾石，在钻进期间常规 PDC 钻头和镶齿牙轮钻头都严重磨损，平均机械钻速极低，多次起下钻更换钻头，相关井段用了 36 只常规 PDC 钻头，耗时 62d 才钻完。

　　史密斯钻头公司的技术团队推荐作业者采用 StingBlade 钻头，再结合使用高扭矩螺杆钻具，在后续部署的 15#、17#相关井段钻进，创下了平均机械钻速最高纪录。

　　15#井，ϕ215.9mm 相关难钻井段用了 9 只 StingBlade 钻头，平均机械钻速为 2.5m/h，与没有使用 StingBlade 钻头的 16#井相比，单只钻头进尺提高 53%，平均机械钻速提高 45%，共节约了 23d 钻井周期。

　　17#井，ϕ215.9mm 相关难钻井段用了 10 只 StingBlade 钻头，平均机械钻速为 3m/h，与 16#井相比，提高了 55%，创下 Pridorozhnoye 气田 3 口井的平均机械钻速最高纪录，且平均单只钻头进尺较 16#井提高 160%，比 15#井提高 70%，相对 16#井节约钻井周期 27d，节约成本 486000 美元。

2.6　斧形切削齿

　　史密斯钻头公司推出的 3D 切削齿——斧形切削齿（图 2-18）具有独特的像山脊一样的几何形状。其后，史密斯钻头公司将斧形切削齿设计在 PDC 钻头刀翼上，形成独特的 AxeBlade 斧形切削齿 PDC 钻头（图 2-19）。

　　在 StingBlade 钻头成功研发的基础上，史密斯钻头公司通过大量研究和现场试验发现，改进切削齿几何形状可以进一步提高钻头性能，于是后来研发出斧形切削齿 PDC 钻头。有限元分析试验显示，斧形切削齿所能达到的切削深度比常规切削齿至少深 22%（图 2-20）。

图 2-18　斧形切削齿

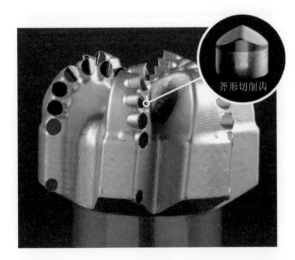

图 2-19　AxeBlade 斧形切削齿 PDC 钻头

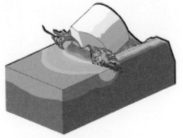

(a) 常规切削齿　　　　　　　　　　(b) 斧形切削齿

图 2-20　斧形切削齿切削深度与常规切削齿切削深度对比试验

　　斧形切削齿应用范围包括直井段、造斜段、水平段，以及无侧限抗压强度大于 5000psi（35MPa）的中硬地层到硬地层。

2.6.1　技术优势

斧形切削齿将剪切与压碎破岩作用综合在一起，两者相得益彰，能够更有效地切削岩石，这种切削方式至少可以将钻头吃入地层深度提高 22%。当与常规切削齿 PDC 钻头采用相同的钻压和转速时，AxeBlade 钻头可以以更高的平均机械钻速钻进更多地层。现场试验证实，与常规切削齿 PDC 钻头相比，AxeBlade 钻头可提高平均机械钻速 29%，为作业者节约大量钻井周期、成本。

斧形切削齿脊状上的金刚石台面更厚，比常规切削齿厚 70%，且使用了具有专利权的混合多晶金刚石粒度分布及高性能材料，这使得斧形切削齿具有更好的抗冲击性和耐磨性，从而使采用该切削齿的钻头更加耐用，平均机械钻速更高。

斧形切削齿可以预破碎岩石，降低剪切岩石时所需切削力，使总扭矩更小。带有斧形切削齿的 AxeBlade 钻头可以在定向钻进中提高工具面角的控制能力，井眼的轨迹控制性好，有助于最大限度暴露产层，最大限度降低非生产时间。

2.6.2　应用实例

1. Eagle Ford 页岩气藏

某作业者在得克萨斯州 Eagle Ford 页岩气藏钻进造斜段和水平段时需钻经灰岩、页岩交互地层，无侧限抗压强度在 41.4～103.4MPa，滑动钻进过程中容易出现定向工具面角难以控制的问题。

作业者想采用一套带高压差马达的井下钻具组合钻进该层段，马达压差为 3.4～8.3MPa，所采用的理想钻头应该是既能克服较高压差，还能提供较长的钻头进尺和更高的平均机械钻速，以及更好的工具面角控制能力。

斯伦贝谢公司建议采用 AxeBlade 钻头钻进造斜段和水平段，该钻头独特的斧形切削齿可以提供更高的平均机械钻速，降低总扭矩，产生更小的反扭矩变量，从而提高工具面角控制能力。

作业者采用 AxeBlade 钻头，35h 钻进了 1092m，平均机械钻速达 102.4ft/h，与同一钻井井场上的 2 口邻井相比，平均机械钻速分别提高了 45.9%和 15.7%（图 2-21），同时提高了工具面角控制能力（图 2-22），且钻头磨损更小（图 2-23）。

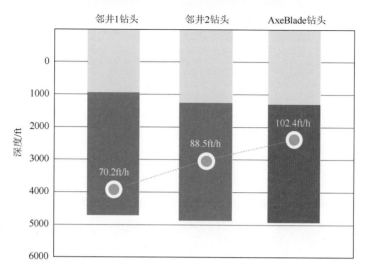

图 2-21　AxeBlade 钻头与邻井钻头钻进同一层段的平均机械钻速对比图

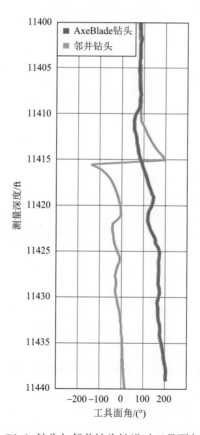

图 2-22　AxeBlade 钻头与邻井钻头钻进时工具面角控制对比图

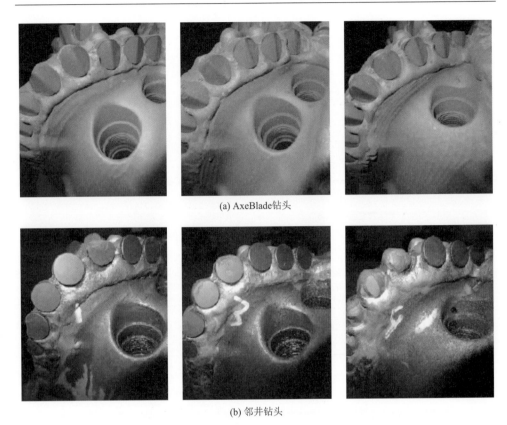

(a) AxeBlade钻头

(b) 邻井钻头

图 2-23   AxeBlade 钻头与邻井钻头磨损对比图

（AxeBlade 钻头的磨损等级为 1-1-CT-NS-IN-BT-TD，邻井钻头的磨损等级为 0-3-CT-NS-IN-SPA-TD）

2. 四川威远龙马溪组页岩气藏

2017 年，四川油气田在威 204 井区某井龙马溪组页岩产层首次试验 ϕ215.9mm AxeBlade 钻头。该钻头相比之前使用的 PDC 钻头稳定性和攻击性强，利于定向，针对龙马溪组也有足够的使用寿命，单趟进尺 1632m，起出后钻头完好（图 2-24）。该钻头平均机械钻速 11.8m/h，比邻井提高约 64%，最高瞬时机械钻速达到 22m/h。

此后，该钻头在威 202 井区龙马溪组页岩层段试验，一趟钻完成造斜段、水平段，单只钻头进尺达到 2363m，平均机械钻速达 15.56m/h，创造井区单趟钻井进尺、平均机械钻速最高纪录。

图 2-24　威 204 井 AxeBlade 钻头出井图（不同刀翼上切削齿无磨损）

2.7　互成角度布置切削齿

PDC 钻头在井下易因各方向受力而剧烈震动，研究表明，PDC 钻头在井下的剧烈震动是破坏钻头切削齿、降低钻头平均机械钻速和钻头使用寿命的主要原因之一。阿特拉（Ulterra）公司为减缓钻头震动，提高钻井效率，2013 年成功研发了互成角度布置切削齿的 CounterForce PDC 钻头，如图 2-25 所示，相关技术已申请专利保护。

图 2-25　CounterForce PDC 钻头

CounterForce PDC 钻头通过设计软件在钻头刀翼上优化设计出互成角度布置切削齿。这些互成角度布置的切削齿在岩石切削过程中相对常规 PDC 钻头的切削齿具有三大优势：①互成角度布置的切削齿将常规 PDC 钻头在某个着力面积上单个切削齿破岩模式变为协同破岩模式。相对于常规 PDC 钻头，互成角度布置的切削齿可以用更小的能量实现破岩，从而提高了钻头的破岩效率，如图 2-26 所示。②互成角度布置的切削齿可以抑制钻头侧向震动，使钻具施加在切削齿的能量集中于破岩，并通过抑制震动的方式保护切削齿和井下钻具组合，从而提高钻头破岩效率以及提高钻头和井下钻具组合的使用寿命。③相对于常规布置的切削齿，互成角度布置的切削齿更容易将切削破坏后的岩屑等排至喷嘴和排屑槽等位置，使井下更加清洁，降低切削齿重复破碎岩屑的概率，从而提高平均机械钻速和井眼清洁度。

图 2-26　互成角度布置的切削齿协作破岩示意图

CounterForce PDC 钻头自推出以来，应用于中国、美国、加拿大、澳大利亚、中东、北非等国家和地区，进尺已超过 450×10^4m，提速效果显著。作业者在美国 Eagle Ford 页岩气藏使用了超过 1000 只 CounterForce PDC 钻头，共完成钻井进尺超过 150×10^4m。该钻头在上述气藏使用中，平均机械钻速比其他钻头提高 50% 以上，平均单只钻头进尺超过 1400m，显示出超强的提速提效能力。

CounterForce PDC 钻头创造性地将单个切削齿破岩模式改变为多个切削齿协助破岩模式，在 PDC 钻头切削齿布置优化设计上取得重大突破。2013 年，该钻头获世界石油奖中的最佳钻井技术奖；2017 年，该钻头获美国国际石油天然气展会"促进油气勘探&开采发展重大技术"称号。

2.8　两级切削齿

针对钻井过程中可能在同一井眼钻遇软硬程度完全不同的地层，哈里伯顿

（Halliburton）公司利用 DatCL 程序及 IBitS 设计软件开发了具有两级切削齿结构的 GeoTech 钻头（图 2-27），该钻头适用于软硬交错等地层。

图 2-27　GeoTech 钻头

与其他 PDC 钻头不同，GeoTech 钻头设计有两级切削齿结构，即部分刀翼设计较薄，其上切削齿布齿少，齿径较大，而部分刀翼设计较厚，刀翼上的切削齿数量较多，齿径较小；排屑槽体积设计也有大有小。当钻遇软地层时，大齿径、大排屑槽结构利于软地层提速；随后进入较硬地层或研磨性地层时，随着大齿径切削齿的磨损，加上调整钻井参数，布齿较多的厚刀翼切削齿结构开始工作，从而适应在硬地层的钻进。

GeoTech 钻头还采用了先进的材料，包括新的胎体、黏结剂材料，以及更加耐磨、抗冲击和热机械完整性更强的切削齿。GeoTech 钻头使用的两级切削齿极大地提高了破岩效率，磨损更小，平均机械钻速更高，是早期钻头进尺的 4 倍。改进的水力结构设计提高了 GeoTech 钻头清洁效果并减少了冲蚀。

在北海海上某井中，采用 GeoTech 钻头钻进 ϕ311.2mm 井眼段，该井段含 7 个不同的地层，下入一只 GeoTech 钻头即钻完整个井段。该钻头进尺为 2516m，平均机械钻速 28.3m/h，而三口邻井的平均机械钻速为 22.6m/h，提高了 25.2%，起钻后发现该钻头磨损等级为 1-1-BT，远小于邻井钻头的磨损程度。

2.9　PDC-硬质合金旋转刨削齿

面对上部为坚硬难钻碎屑岩、下部为软砂岩和页岩的地层，选择钻头非常困难，如果使用常规 PDC 钻头，上部难钻碎屑岩会对 PDC 钻头切削齿造成严重的先期破坏，钻头会提前失效；如果使用牙轮钻头，当钻穿上部难钻碎屑岩后，牙轮钻头在下部软砂岩和页岩地层的钻井效率十分低。针对上述情况，希尔（Shear）公司推出了 PDC-硬质合金旋转刨削齿混合式 Pexus 钻头（图 2-28）。该钻头特殊设计的刀翼上安装有可旋转的硬质合金旋转刨削齿，其材质类似于牙轮钻头的硬质合金齿，突出于钻头表面，可用于钻穿上部碎屑岩井段；刀翼冠状上又设计有 PDC 切削齿，在钻穿上部井段后，这些 PDC 切削齿在下部易钻地层又可以发挥高效的破岩作用，快速钻穿软夹层。

图 2-28　Pexus 钻头

Shear 公司研发的 PDC-硬质合金旋转刨削齿具有牙轮钻头切削齿的压碎功能及 PDC 切削齿的剪切功能，与牙轮钻头切削齿相比，PDC-硬质合金旋转刨削齿可产生更大的裂纹区。每个刨削齿可绕自身轴线旋转，减少反扭矩；硬质合金材料具有自锐性，在磨损后仍可保持攻击性切削能力。此前，大量的现场测试证实，在研磨性极强的地层中，由于刨削齿耐磨性差，特别是因为尺寸和几何形状要求它们比常规 PDC 钻头或牙轮钻头的切削齿布置更远的间隔距离，所以每个刨削齿承受的载荷和应力更大，单独使用，即使是很短的时间也会损坏。

Pexus 钻头融合了硬质合金刨削齿和 PDC 切削齿，解决了单独使用刨削齿在很短时间会损坏，单独使用 PDC 切削齿在坚硬碎屑岩地层切削效率不高的问题。

2015 年 3 月，加拿大 Wilrich-bluesky 油砂岩项目只用一只 Pexus 钻头即钻过 450m 增斜段，平均机械钻速达到 49.98m/h。该增斜段上部有一部分难钻碎屑岩，此前使用的牙轮、常规 PDC 钻头钻井效率均不高。使用 Pexus 钻头的井段与使用牙轮和常规 PDC 钻头的邻井相同井段相比，平均机械钻速比使用牙轮钻头的井段提高 30%，比使用常规 PDC 钻头的井段提高 66%。

第 3 章　国外 PDC 钻头新材料技术

PDC 钻头的本体、切削齿等材料性能直接影响 PDC 钻头的使用效果。近年来，国外在 PDC 钻头材料上持续攻关，不断取得新的成果，单只 PDC 钻头寿命变得更长，破岩效率更高。例如，高性能钢体、胎体材料的应用，有效支撑了 PDC 本体结构等优化设计，使钻头本体耐冲蚀、耐冲击能力更强，提高了钻头水力清洗效果；纳米涂层、超硬磨料耐磨堆焊涂层、高性能 PDC 材料等的应用，有效避免了钻头泥包，提高了钻头本体耐冲蚀能力以及钻头切削齿耐高温、耐冲击震动等能力，使得钻头切削能力更强，寿命更长。

3.1　本　体　材　料

3.1.1　高耐磨胎体材料

哈里伯顿公司推出的 MegaForce 钻头（图 3-1）是行业中胎体最稳固的钻头。该钻头胎体采用高级碳化钨合金材料，降低了井下高速流体和岩屑对 PDC 钻头

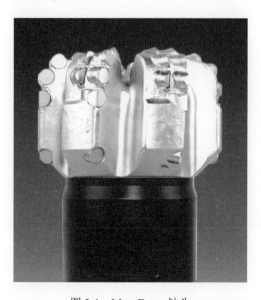

图 3-1　MegaForce 钻头

本体的冲蚀和磨损。该钻头采用的高级碳化钨合金材料与其他胎体钻头烧结材料相比，其抗冲蚀性提高 20%，抗研磨性提高 20%。在恶劣的井下环境中使用证明，该钻头本体磨损较其他钻头更小（图 3-2），因此 MegaForce 钻头攻击性和稳定性明显优于其他钻头。

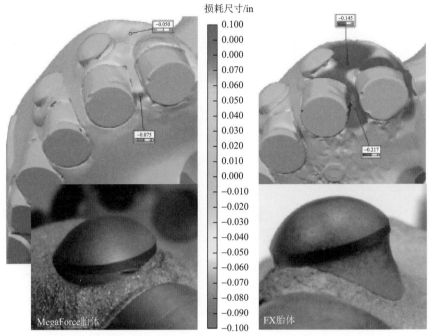

损耗尺寸/in

图 3-2　MegaForce 钻头与其他钻头同等条件下 FX 胎体损耗对比

注：1in = 2.54cm

　　在美国犹他州 Uintah 县的现场试验中，MegaForce 钻头在 ϕ198.8mm 井眼钻进，与邻井同层段的其他钻头应用效果相比，单只钻头进尺增加 31%，平均机械钻速提高 20%。

3.1.2　高韧性 PDC 胎体材料

　　与钢体 PDC 钻头相比，公认的胎体 PDC 钻头缺陷之一就在于其排屑槽体积和刀翼面积较小，这主要是胎体 PDC 钻头本体材料即碳化物的韧性较钢低造成的。钢体 PDC 钻头较大的排屑槽体积和刀翼面积使其可以获得更高的水力效率，能够直接提高平均机械钻速。在软到中硬地层钻井中，作业者通常采用钢体 PDC 钻头，利用其较高的水力效率提高平均机械钻速，近年来耐磨堆焊材料的研发也进一步扩大了钢体钻头的应用地层范围。尽管钢体 PDC 钻头应用地层范围越来越广，而且在一些硬研磨性难钻地层钻进过程中，胎体 PDC 钻头的平均机械钻速也难以与钢体 PDC 钻头匹敌，但胎体 PDC 钻头本体耐磨性更强，因此使用寿命更长，单只钻头进尺更高。为了增加胎体 PDC 钻头的竞争力，提高胎体 PDC 钻头的平均机械钻速，需要研发一种具有高水力效率的胎体钻头，但这就需要提高胎体钻头材料的韧性。

史密斯钻头公司研发的新型 PDC 胎体材料能在维持与普通胎体材料硬度一致的同时提供更高的韧性。使用该胎体材料制造的钻头能够使钻头刀翼在本体的根部区域承受更高的弯矩，因此钻头在承受相似的载荷时，能允许刀翼的面积更大。

图 3-3～图 3-5 展现了采用常规胎体材料与新胎体材料设计的 ϕ215.9mm PDC 钻头的区别。

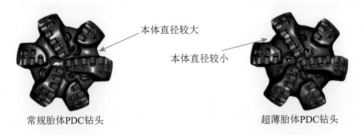

图 3-3　常规胎体 PDC 钻头和超薄胎体 PDC 钻头在本体直径上的区别

图 3-4　常规胎体 PDC 钻头与超薄胎体 PDC 钻头在刀翼厚度上的差异

图 3-5　常规胎体 PDC 钻头和超薄胎体 PDC 钻头在排屑槽体积上的差异

由图 3-3 可知，超薄胎体 PDC 钻头本体直径比常规胎体 PDC 钻头小，喷嘴也改变成了更小的尺寸，这使得超薄胎体 PDC 钻头本体显得更加紧凑。

由图 3-4、图 3-5 可知,超薄胎体 PDC 钻头具有比常规胎体 PDC 钻头更薄的刀翼和更大的排屑槽体积,具有更好的水力清洗效果。

将采用 ϕ215.9mm 6 刀翼双排 16mm 切削齿的超薄胎体 PDC 钻头与同样外径、特征的常规胎体 PDC 钻头在无侧限抗压强度低于 105MPa 的软到中硬地层中进行对比试验,各钻头外形如图 3-6 所示,图 3-7 显示了试验结果。井 3 采用超薄胎体 PDC 钻头钻进,井 1 采用常规胎体 PDC 钻头钻进。两口井采用相同的井下钻具组合和钻井参数,由相同作业者在相同的区域钻进。另外,两口井所用的钻头都采用相同的切削齿设计。图中显示,超薄胎体 PDC 钻头在单只钻头进尺增加的情况下,仍然将平均机械钻速提高了 30%。

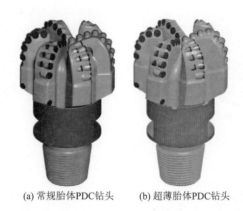

(a) 常规胎体PDC钻头　　(b) 超薄胎体PDC钻头

图 3-6　ϕ215.9mm 6 刀翼双排 16mm 切削齿的常规胎体 PDC 钻头与超薄胎体 PDC 钻头

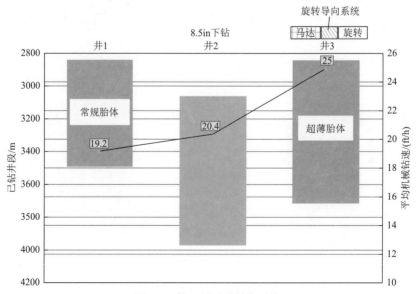

图 3-7　第一组试验性能对比

在埃及的软到中硬地层进行了 35 口井 55 趟钻井试验。结果显示，超薄胎体 PDC 钻头在减少单位进尺作业成本方面，成功率达到 65%～70%；另外，超薄胎体 PDC 钻头在钻井过程中无任何事故发生，钻头结构完整性成功率达到 100%。

为测试超薄胎体 PDC 钻头是否能够在高载荷下保持钻头完整性和取得提速效果，在无侧限抗压强度低于 56MPa 的软地层进行了 ϕ311.2mm 井眼钻井试验。试验中采用 2 组钻头。一组是 6 刀翼双排 19mm 切削齿常规胎体 PDC 钻头与超薄胎体 PDC 钻头（图 3-8），另外一组则是 6 刀翼双排 16mm 切削齿常规胎体 PDC 钻头与超薄胎体 PDC 钻头（图 3-9）。

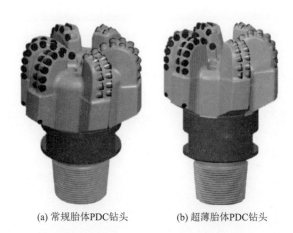

(a) 常规胎体PDC钻头　　　　　　(b) 超薄胎体PDC钻头

图 3-8　ϕ311.2mm 6 刀翼双排 19mm 切削齿常规胎体 PDC 钻头与超薄胎体 PDC 钻头

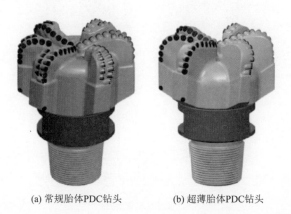

(a) 常规胎体PDC钻头　　　　　　(b) 超薄胎体PDC钻头

图 3-9　ϕ311.2mm 6 刀翼双排 16mm 切削齿常规胎体 PDC 钻头与超薄胎体 PDC 钻头

13 趟钻试验结果表明，超薄胎体 PDC 钻头无相关事故发生，相比常规胎体 PDC 钻头，平均机械钻速提高 1 倍以上。

深井钻井作业中，钻井复杂性和成本会不断增加，提高钻头的平均机械钻速，从而降低钻井周期，则可以大幅度降低作业成本。国外研究表明，井深 4500m 以上的深井作业，即使平均机械钻速提高 5%，也会产生巨大的降本效应。因此，提高深部地层 PDC 钻头平均机械钻速，加强钻头耐磨性、抗冲击性，提高钻头使用寿命显得非常重要，而超薄胎体 PDC 钻头恰好具有这方面的优势。

埃及另一区块 3000～4350m 的深部井段岩性为研磨性砂岩、砂泥岩和页岩的交互夹层，超薄胎体 PDC 钻头与相同外径、相同切削齿的常规胎体 PDC 钻头在该区块进行了 25 趟钻的对比试验，超薄胎体 PDC 钻头平均机械钻速提高了 83%，试验过程中也没有出现任何钻头事故。

3.1.3 高性能钢体材料

Ulterra 公司推出的新一代 FastBack PDC 钻头（图 3-10），该钻头主要用于页岩气钻井作业。与其他 PDC 钻头不同，FastBack PDC 钻头采用了高性能钢体材料，该钢体材料具有超高的强度和韧性，强度是常规材料的 4 倍。

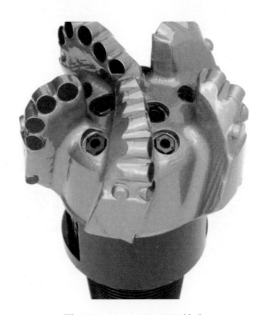

图 3-10　FastBack PDC 钻头

FastBack PDC 钻头的刀翼更薄，且增加了排屑槽体积，从而增强了钻屑排除能力，也从另一个方面提高了平均机械钻速。

较其他 PDC 钻头，FastBack PDC 钻头在 Marcellus 区块 ϕ215.9mm 井眼钻井中，平均机械钻速提高 56.8%，平均单只钻头进尺提高 364%。

3.2　PDC 材料新技术

PDC 是由两层材料（聚晶金刚石层和硬质合金层）在高温高压条件下（1300～1500℃，约 6GPa）压制而成的，厚度较小的是金刚石层，厚度一般在 0.3mm 以上；硬质合金层一般为钨和钴的合金。PDC 具有比硬质合金更高的硬度和耐磨性，抗冲击性能也强于硬质合金。但随着 PDC 钻头的应用地层不断向硬地层、研磨性地层、非均质地层扩展，PDC 面临的应用环境越来越苛刻，时常在短时间内出现严重磨损、碎裂等，严重影响平均机械钻速和单只钻头进尺。近年来，国外针对 PDC 使用中面临的挑战，在聚晶金刚石层、硬质合金层材料上不断进行攻关，从而大幅提高了 PDC 综合性能，有效支撑了 PDC 钻头应用地层的不断扩展。

3.2.1　脱钴 PDC

在钻探硬地层、研磨性地层等难钻地层时，PDC 钻头短时间发生严重磨损、碎裂的主要原因之一是 PDC 的热稳定性差，即 PDC 在切削上述地层时快速生热使聚晶金刚石层的力学性能降低。

PDC 通常采用钴作为金刚石颗粒的黏结剂。国外研究表明，由于钴的存在，金刚石会在更低的温度下转化成石墨；同时，钴和金刚石的热膨胀系数差别较大，PDC 在切削生热过程中，钴的膨胀速度比金刚石的膨胀速度高，破坏了金刚石颗粒间的黏结，造成聚晶金刚石层力学性能降低。在使用时，PDC 最热的部位是与地层接触的切削刃接触点，因此改善 PDC 切削刃处的抗热性能就能大幅度提高 PDC 钻头的使用寿命。

脱钴 PDC 是将 PDC 在化学氛围中脱去聚晶金刚石层中的钴，脱钴深度一般在 0.1～0.3mm。和未脱钴 PDC 相比，脱钴后的 PDC 耐磨性提高 30% 以上，耐高温性能提高 100～150℃，抗冲击性能提高 25% 以上。图 3-11 显示了同等试验条件下，在磨损试验后，未脱钴 PDC 与脱钴 PDC 的磨削面，可以观察出未脱钴 PDC 的抗研磨性能明显低于脱钴 PDC。图 3-12 展示了史密斯钻头公司做的两种脱钴 PDC（红线表示）与未脱钴 PDC（蓝线表示）在清水条件下的切削试验。可以明显看出，在同等磨损时，脱钴 PDC 比未脱钴 PDC 切削的花岗岩更多；切削同等体积的花岗岩，脱钴 PDC 比未脱钴 PDC 磨损更小。

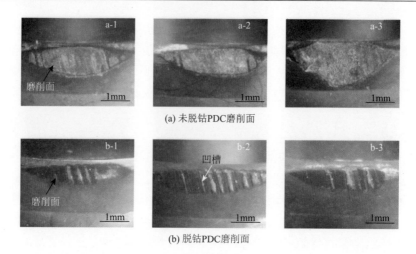

(a) 未脱钴 PDC 磨削面

(b) 脱钴 PDC 磨削面

图 3-11　同等条件下磨损试验后未脱钴 PDC 和脱钴 PDC 磨削面对比

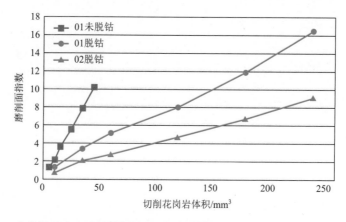

图 3-12　史密斯钻头公司做的脱钴 PDC（红线表示）与未脱钴 PDC（蓝线表示）
在清水条件下的切削试验示意图

研究表明，脱钴深度为 0.25～0.3mm 时，PDC 的热稳定性、耐高温性能及抗冲击性能等使用效果可以达到最好。

3.2.2　PDC 新型抗冲蚀硬质合金材料

PDC 中聚晶金刚石层以下的基体是由硬质合金制造的，这种合金一般含有可以黏结和强化复合材料的钴黏结剂，通过与碳化钨等材料粉末混合、压制、烧结形成 PDC 基体。在制造过程中，晶粒大小、炉温、钴含量等都会影响基体的结构性能。

当制作 PDC 时，硬质合金基体中靠近聚晶金刚石基面的钴离子容易作为催化剂渗入聚晶金刚石基面，形成金刚石-金刚石黏合带。而靠近聚晶金刚石层的硬质合金基体中的钴缺乏区域内，因钴密度降低，会导致 PDC 抗磨损和抗冲蚀性能下降。使用后，硬质合金基体未受损或仅在聚晶金刚石基面附近有较小损坏的 PDC 经维修仍可以继续入井使用，但是若冲蚀太多可能会改变硬质合金基体的几何形状，即使通过维修也无法保证钎焊连接处的质量，必须更换 PDC，不能再循环重复使用。因此，提高硬质合金基体的抗冲蚀性，最大限度提高 PDC 的使用寿命和重复利用率，对降低钻井成本具有重要意义。

近年来，基于微观结构的先进材料与加工工艺改进技术，国外一些厂商研发出一种新型的抗冲蚀 PDC 基体材料，如图 3-13 所示。在低应力砂浆介质条件下，对新研发出的 PDC 基体材料与此前 Shear 公司生产的及其他厂商生产的 PDC 基体材料进行室内磨耗比试验，观察到磨损有明显改善，如图 3-14 所示。采用这种材料研制了三种适用于冲蚀环境的 PDC 硬质合金基体，并投入现场试验。

图 3-13　国外新研发的 PDC 硬质合金基体扫描电子照片

作业者在加拿大阿尔伯达油砂岩直径 ϕ222.3mm 的水平井段进行了现场试验。在 Fort McMurray 油砂岩钻进多口水平井时，作业者期望提高钻头的耐用性，以实现在不修复钻头的情况下完成多趟下钻作业，更高效地完成钻进作业。试验采用同一只外径 ϕ222.3mm 616 型 PDC 钻头，在不同的刀翼上配置了 4 种不同硬质合金基体的 PDC，即标准型和三种新型抗冲蚀的硬质合金基体 PDC（XX、X1 和 X2）。该钻头如图 3-15 所示，表 3-1 给出了不同刀翼上的不同 PDC 类型，该钻头使用了两趟钻，未进行任何修复，第一趟钻和第二趟钻进尺分别为 732.61m 和 928.73m。

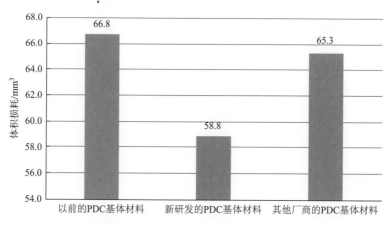

图 3-14　砂浆介质试验中 PDC 基体材料体积损耗对比图

图 3-15　ϕ222.3mm 616 型试验 PDC 钻头

表 3-1　ϕ222.3mm 616 型 PDC 钻头上不同的 PDC 类型和对应刀翼位置

PDC 类型	刀翼编号
标准	B1、B3、B5
XX	B2
X1	B4
X2	B6

　　图 3-16～图 3-19 为两趟钻后每种 PDC 的冲蚀情况，表 3-2 为每种 PDC 的冲蚀情况对比。标准型 PDC 因基体冲蚀较为严重，未能再重复利用；而 XX、X1 和 X2 三种新型 PDC 的冲蚀程度都比标准型 PDC 小，XX 型 PDC 都可重复应用，而 X1 型和 X2 型 PDC 则至少可修复后再使用一次。总之，XX 型 PDC 的抗冲蚀性能最好，其次是 X1 型，最后是 X2 型。

图 3-16　两趟钻后标准型 PDC 冲蚀情况

图 3-17　两趟钻后 XX 型 PDC 冲蚀情况

图 3-18　两趟钻后 X1 型 PDC 冲蚀情况

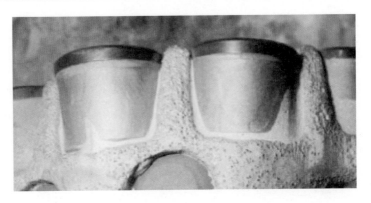

图 3-19　两趟钻后 X2 型 PDC 冲蚀情况

表 3-2　两趟钻后标准型 PDC 和试验型 PDC 冲蚀对比

PDC 类型	冲蚀与磨损情况
标准	基材冲蚀导致出现深而宽的凹槽；在基材低钴区域冲蚀开始扩展，边缘已磨圆；在临近被冲蚀基材区域的金刚石基层碎屑清晰可见
XX	在各试验 PDC 类型中基材冲蚀最少；未因冲蚀而引起金刚石加速磨损
X1	基材冲蚀导致出现较浅的凹槽；未因冲蚀而引起金刚石加速磨损
X2	基材冲蚀导致出现较浅的凹槽，比 X1 要稍宽；未因冲蚀而引起金刚石加速磨损

3.3　新型涂层材料

研究表明，引起钻头泥包主要有两种机理，即机械泥包机理和电化学泥包机理。钻头泥包对 PDC 钻头钻进的平均机械钻速有重要影响。

机械泥包机理：作为胎体 PDC 钻头制造工艺的一部分，钻头使用前，碳化钨颗粒粉末与合金黏结在一起，形成具有低接触角、低摩擦系数的表面，如图 3-20 所示。当钻头使用后，钻头表面就暴露出碳化钨颗粒（图 3-21），从而增大了钻头表面积，形成高接触角、高摩擦系数的表面，造成黏土等易于黏附在钻头上。

电化学泥包机理：当钻井液停止流动，或使用的钻头水力结构设计较差时，因电化学作用，静电力就会导致黏土（带负离子）黏附在钻头表面（带正离子）上，黏土在钻头上堆积起来并最终形成钻头泥包。

根据上述 PDC 钻头泥包机理，国外采用最多的技术手段就是在 PDC 钻头表面使用抛光表面和涂层表面材料。

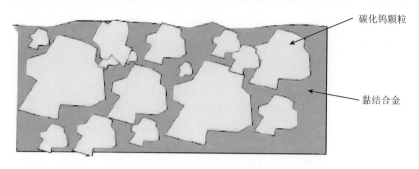

图 3-20　钻头使用前碳化钨颗粒与黏结合金

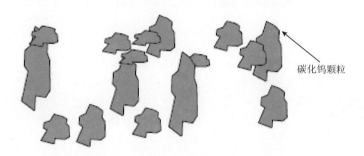

图 3-21　钻头使用后暴露的碳化钨颗粒

3.3.1　纳米涂层材料

　　材料科学是研究材料的组织结构、性质、生产流程和使用效能以及它们之间的相互关系，集物理学、化学、冶金学等于一体的科学。在对材料科学有深入研究后，便可以按期望的方式设计新材料，然后将新材料应用于油气行业。

　　利用相关知识，制造特殊的涂层材料可以提高工具的性能。精心设计的涂层可以延长设备寿命，提高工具效率。

　　贝克休斯主任科学家 Sven Krueger 称，第一步工作是建立分子级模型。为了真正理解材料分子级的物理特性和行为，贝克休斯进行了很多分子、原子级的材料模拟试验，并根据结果制造所需的材料。

　　例如，可以制造一种材料，使其具有疏水、防水特性。科学家有时将这种材料特性称为"荷叶效应"，即材料表面具有纳米结构，水洒在上面会变成珠状，然后滑落，并且滑落的液滴可以带走灰尘和其他污染物。

　　"目前，真正的困难是如何使这种特性在井下环境也能起作用。"Sven Krueger 表示，井下通常具有极高的温度，部分钻井下温度高达 200℃，甚至更高，压力高达 206.8MPa。另外，疏水涂层需要适应腐蚀、冲蚀和研磨性环境。

　　Sven　Krueger 称："我们几乎可以使每种材料都具有疏水性，可以通过改变材料的属性实现。为了确保设计的涂层能够满足客户的要求，公司在位于得克萨斯州的贝克休斯技术中心的井下环境中测试了疏水涂层。"

这种疏水涂层技术可以大显身手的地方之一是钻头。例如，在页岩地层采用水基钻井液钻井时，使用 PDC 钻头形成的钻屑有变黏的趋势，这就可能引起钻头泥包和堵塞水眼等问题，而且随着钻屑在钻头上的聚集，平均机械钻速会大幅降低，导致不得不起钻清洗或更换钻头。解决钻头泥包有不同的方法，例如，可以在钻井液中使用一些添加剂处理，或在钻头处加电荷，后者目前更多处于试验阶段。有了疏水涂层技术，就可以在钻头表面使用疏水涂层改变表面属性。使用疏水涂层后，由于疏水涂层的存在，即使有黏性的岩屑形成，岩屑也无法在钻头表面黏附。

2016 年在墨西哥湾，贝克休斯公司采用一只 ϕ215.9mm 含疏水涂层的 PDC 钻头，共钻进 426.7m，其中含 121.9m 的页岩地层。作业者本以为会遇到钻头泥包问题，而在实际钻井过程中，疏水涂层不仅没对钻头性能产生任何不利影响，还如期发挥了防泥包的作用。起钻后，钻头非常干净，钻头上没有黏附页岩岩屑，而且大多数涂层仍然完好，说明其能够抵抗腐蚀和磨蚀。

3.3.2　镍磷电镀金属涂层

软页岩地层中，当采用水基钻井液钻进时，PDC 钻头容易出现泥包现象（图 3-22），尤其是在深井高压井中钻进时尤为明显。页岩吸附水分后易导致钻头卡钻，影响钻井效率。钻头泥包还会堵塞水眼和排屑槽，降低水力/冷却作用，加快切削齿磨损，致使钻头过早损坏。

图 3-22　钻进软页岩地层时出现的钻头泥包

在沙特阿拉伯油田某区块，一般需要钻进 480～660m 长的 ϕ311.2mm 直井段或 900m 长的 ϕ311.2mm 水平段，才能钻完整个碳酸盐岩、页岩和黏土岩地层。相关井段的中间部分主要为黏土岩，也是最易出现钻头泥包的井段，平均机械钻速不到 3m/h，而且因为钻头泥包，在一些井段钻井中不得不起钻。为解决钻头泥包问题，作业者曾采用配备强水力结构和普通防泥包涂层的 PDC 钻头进行试验，但在钻头进入问题井段之前，普通防泥包涂层即被冲蚀，露出了粗糙的钻头体，如图 3-23 所示。

(a) 配备强水力结构的PDC钻头　　　　　(b) 配备普通防泥包涂层的PDC钻头

图 3-23　配备强水力结构的 PDC 钻头和普通防泥包涂层 PDC 钻头磨损情况

斯伦贝谢公司开发的防泥包涂层是一种用于钻头体表面的金属涂层，可以大大降低钻屑引起的钻头卡钻（钻头泥包）风险。斯伦贝谢公司采用独特的镍磷电镀涂层工艺，将一层具有较高专用特性的金属层涂在钻头表面，形成一层厚而耐用的胶结涂层，从而消除了钻头泥包，该涂层如图 3-24 所示。

防泥包涂层

碳化钨颗粒

黏结合金

图 3-24　碳化钨颗粒、黏结合金和防泥包涂层图示

　　镍磷电镀涂层具有以下特性：低粗糙度（低接触低摩擦表面）；高耐用性（比普通防泥包涂层具有更高的抗腐蚀能力）；高可靠性（避免脆裂尤其能抗震动和冲击）；适宜的厚度（提高耐用性尤其能抗研磨）——厚度在 0.5～0.7mm；在涂层表面不会产生正电荷（可以最大程度降低电化学泥包概率）。

　　图 3-25 为采用了防泥包镍磷电镀涂层的 PDC 钻头局部表面，可以形象显示钻头表面粗糙度的不同。

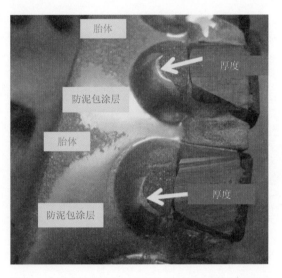

图 3-25　防泥包涂层与胎体材料表面粗糙度的不同

　　针对目标井段优选 ϕ311.2mm 7 刀翼单排 16mm 切削齿的胎体 PDC 钻头。为防钻头泥包，作业者决定在该钻头上采用斯伦贝谢公司开发的防泥包涂层，涂抹相关材料后的钻头如图 3-26 所示。

1. 第一次现场试验——直井段

　　此次现场试验是从 ϕ339.7mm 套管鞋处直井段钻至 ϕ311.2mm 井段造斜点，试验井段 2864.56～3519.40m，单只钻头进尺 652.09m，平均机械钻速 15.34m/h，水基钻井液密度为 1.60g/cm³。

　　该钻头配合外径 ϕ244.5mm 的马达平均机械钻速较高，其中在目标井段中部页岩层段平均机械钻速从 3.05m/h 提高至 15.25m/h。同时，以全井段 15.34m/h 的平均机械钻速创造了新的区块平均机械钻速纪录，并一趟钻钻穿了 ϕ311.2mm 直井段，钻头正常磨损（1-3-CT-S-X-I-WT-TD），出井磨损情况如图 3-27 所示。

图 3-26　具有防泥包涂层的 ϕ311.2mm 7 刀翼单排 16mm 切削齿胎体 PDC 钻头

图 3-27　第一次现场试验出井后防泥包涂层钻头磨损情况

该钻头创造的区块最优指标如下：一趟钻完钻该井段，无钻头泥包；页岩层段（中间段）的平均机械钻速达到 15.25m/h，与该油田最佳平均机械钻速纪录相比提高了 25%；与油田最低每英尺成本相比降低 8%。

2. 第二次现场试验——定向段

该试验井段为定向段，钻头配合旋转导向系统钻进。井深 3027.13～4083.95m，单只钻头进尺 1056.82m，平均机械钻速 9.67m/h，水基钻井液密度为 1.60g/cm³，井斜从 39°增斜至 68°。

此次试验成功钻穿整个预计目标井段，钻头正常磨损（1-3-WT-G-X-2-CT-TD）。图 3-28 为钻头出井后磨损图，从图中可以发现钻头涂层仍然在钻头表面，尤其是在井下钻进 109h 后，流道表面仍然还有涂层。

图 3-28　第二次现场试验出井后防泥包涂层钻头磨损情况

此次试验所取得的钻井指标如下：创造新的区块"一趟钻"进尺纪录；较此前纪录提高 23%；创造新的区块页岩层段最高平均机械钻速 10.68m/h，较此前纪录提高 6%；创造新的区块最低每英尺成本纪录，较此前纪录降低 14%。

3. 第三次现场试验——直井段

该次试验是 PDC 钻头配合马达钻直井段。试验井段 3158.58～3650.85m，单只钻头进尺 492.27m，平均机械钻速 16.41m/h。此次试验成功一趟钻钻穿设计的直井段，钻头正常磨损（2-3-WT-A-X-I-NO-TD）。图 3-29 为钻头出井图。

此次试验取得钻井指标如下：一趟钻钻完目标井段，无钻头泥包；创区块新的平均机械钻速和最低每英尺成本纪录，比此前平均机械钻速纪录提高 90%，比此前最低每英尺成本降低 34%。

图 3-29 第三次现场试验出井后防泥包涂层钻头出井磨损情况

3.3.3 超硬磨料耐磨堆焊层材料

在含有大量非胶结砂岩地层的稠油井钻井过程中,PDC 钻头磨损的因素主要有:①岩屑和砂岩颗粒的高速冲蚀。夹杂在钻井液中的岩屑和砂岩颗粒很难被清除,它们会持续、不间断地循环到钻头附近,在高流速情况下,这种高固相含量钻井液的冲蚀效应非常严重。进入水眼并流经钻头刀翼和 PDC 的钻井液会对流经不含有超硬材料的任何表面产生冲蚀,包括 PDC 的硬质合金基体及钻头刀翼表面等。②长时间滑动钻进和倒划眼作业易造成钻头磨损。目前,对于稠油井开采,不管是热采还是非热采,都需要大量采用定向井和水平井钻井作业。在非胶结砂岩中,定向滑动钻井时,由于钻头的保径齿持续不断地与井眼低边接触、摩擦,各保径块的前沿位置都易发生严重磨损;另外,非胶结砂岩地层易坍塌,起钻时经常需要进行倒划眼,因此进一步加重了钻头倒划眼区域的磨损(图 3-30)。

最初的 PDC 钻头抗冲蚀主要是采用液态黏结合金以无压浸渍方法渗透碳化钨制造胎体钻头。胎体 PDC 钻头比未进行表面耐磨强化的钢体 PDC 钻头具有更强的抗冲蚀、抗磨损能力,因此成为稠油环境中钻头本体的首选材料之一。但是,胎体 PDC 钻头存在一些缺点,主要包括制造成本高、后续修复困难、多次修复后本体韧性差、断裂风险高。近些年,越来越多的稠油井作业者转而使用有耐磨堆焊层的钢体 PDC 钻头,这种钢体 PDC 钻头可以克服胎体 PDC 钻头的局限性。例如,钢体 PDC 钻头在涂上更硬、更抗磨损而又不影响结构强度的耐磨堆焊材料后,其

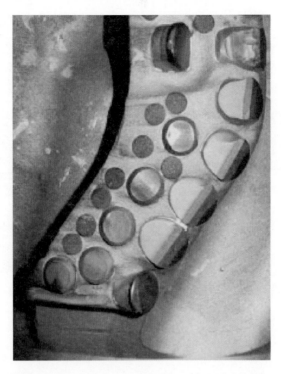

图 3-30　胎体钻头在油砂岩井段钻进和倒划眼后保径块和倒划眼区域磨损图

耐磨层碳含量一般为 60%～70%，而胎体的碳含量为 40%～50%。钢体 PDC 钻头的耐磨堆焊层可以自由地试验各种耐磨材料的性能，如碳颗粒尺寸、形状以及其他超硬材料成分。

当然，一旦钢体 PDC 钻头的耐磨堆焊层严重磨损，内部钢基体就会暴露出来，使得 PDC 等钎焊组件加速被冲蚀，焊接强度降低，最终导致组件损坏。而胎体 PDC 钻头本体结构由液态黏结合金渗透硬质填料制成，表面与内部相对均质，不存在因表面被冲蚀而导致的焊接强度降低问题。

针对上述情况，国外厂商新研发了一种超硬磨料技术。这种新型超硬磨料在耐磨堆焊层内不受热温度影响，使用后，钢体 PDC 钻头的本体强度、硬度和弹性模量都显著提高，且比胎体的碳化钨材料相关性能更好。同时，该技术还适用于各种沉积钎焊（如喷涂、熔融）或焊接（如氧乙炔、激光沉积），也可直接沉积到钢质基材或其本体中，使钢体 PDC 钻头寿命更长、易于维修、制造成本较低，这对钢体 PDC 钻头来说是非常有优势的。使用该耐磨材料的钻头还可以大幅降低保径块损耗，减少缩径概率，从而降低后续为修正井眼而进行缩径井段的扩眼作业概率。图 3-31 为直接用于钢材的超硬磨料在耐磨堆焊区域的背散射扫描电子显微镜照片，图 3-32 为直接用于钢材的超硬磨料在耐磨堆焊区域的超硬颗粒分布扫描电子显微镜照片。

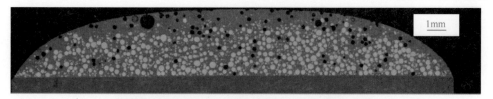

图 3-31　直接用于钢材的超硬磨料在耐磨堆焊区域的背散射扫描电子显微镜照片

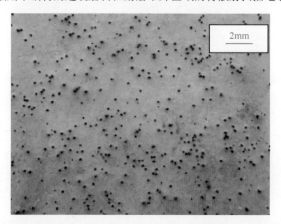

图 3-32　直接用于钢材的超硬磨料在耐磨堆焊区域的超硬颗粒分布扫描电子显微镜照片

常规含碳耐磨堆焊材料、超硬耐磨堆焊材料与含陶瓷转轮进行磨损损耗对比试验表明，常规含碳耐磨堆焊材料的磨损率比超硬耐磨堆焊材料高近 60 倍，在常规含碳耐磨堆焊材料磨损时，表现为塑性切削和材料磨损，如图 3-33 所示。相反，超硬耐磨材料就像一个支撑面保护在硬质相黏结构周围使其不受磨损，如图 3-34 所示。因此，在实验室中对超硬耐磨堆焊材料进一步优化，制造出了一种新型超硬耐磨堆焊材料，准备在稠油环境下进行应用。

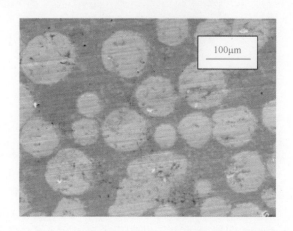

图 3-33　常规含碳耐磨堆焊材料试验后的扫描电子显微镜照片

图 3-34　超硬耐磨堆焊材料扫描电子显微镜照片

迄今为止，新研发的超硬耐磨堆焊材料已与多家作业者进行合作，并在加拿大油砂岩中进行了现场应用。

在阿尔伯塔油砂岩的多口水平井进行了超硬耐磨堆焊材料 PDC 钻头现场试验。试验井段井眼直径为 φ269.9mm，地层中含有强研磨性的非胶结砂岩，偶有页岩，PDC 钻头为 616 型，如图 3-35 所示。试验 3 井次，试验前每只钻头保径块和倒划眼区域分别应用不同类型的耐磨堆焊材料，每次钻头出井后，都会根据试验需要对耐磨堆焊材料进行修补和更换 PDC。

图 3-35　水平油砂岩井段耐磨堆焊试验用 φ269.9mm 616 型 PDC 钻头

第一趟下钻前，在钻头所有保径块和倒划眼区域都配置了只含碳的耐磨堆焊材料，起钻后钻头磨损如图 3-36 所示。从图中可以看出，在钻头几大关键区域材料磨损较严重，即保径块（尤其是前沿）、倒划眼区域（尤其是倒划眼 PDC 之间，显示已无金刚石敷层）以及保径齿正下面的表面区域。

图 3-36　只含碳的耐磨堆焊材料钻头使用后保径块和倒划眼区域
磨损及冲蚀情况（第一趟）

　　第二趟和第三趟下钻前，钻头保径块和倒划眼区域均用超硬耐磨堆焊材料。实钻表明，抗侵蚀和抗磨损能力都有显著提高，这与室内试验结果一致。钻头磨损情况如图 3-37 和图 3-38 所示。从两图中可以看到磨损情况明显不同，这主要是因为钻遇的岩性等不同。其中，第三趟钻钻遇的地层砂岩含量高、页岩含量低，伽马读数较低，钻头本体磨损更为明显。

　　现场试验表明，采用超硬耐磨堆焊材料降低了钢基体受冲蚀的风险，以及钻头泥包现象发生的概率，从而成功降低了维修时间和钻井成本。

图 3-37　含超硬耐磨堆焊材料的保径块和倒划眼区域磨损及冲蚀情况（第二趟）

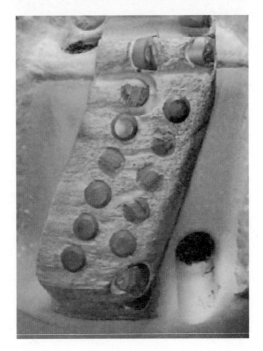

图 3-38　含超硬耐磨堆焊材料的保径块和倒划眼区域磨损及冲蚀情况（第三趟）

第4章 国外 PDC 钻头加工工艺技术

PDC 钻头的加工工艺技术直接影响 PDC 钻头的使用性能。近年来，针对 PDC 钻头的本体、切削齿加工，国外钻头厂商不断改进、优化工艺，采用胎体 PDC 钻头模具 3D 打印技术、钢体 PDC 钻头本体数控加工技术、新型 PDC 制造加工技术，有效提高了钻头制造精度、制造速度和使用性能。

4.1 胎体 PDC 钻头模具 3D 打印技术

3D 打印技术也称增材制造技术，是通过添加材料直接从三维数学模型获得三维物理模型的综合制造技术，集机械工程、计算机辅助设计、逆向工程技术、分层制造技术、数控技术、材料科学、激光技术于一体，可以自动、直接、快速、精确地将设计思想转变为具有一定功能的原型或直接制造零件。

3D 打印技术主要分为以下几种：①光敏聚合物固化技术，利用紫外激光快速扫描液态光敏聚合物，使之快速固化成型；②材料挤出成型技术，在一定压力作用下，将丝状聚合物材料通过加热喷嘴软化，在成型过程中下移工作平台或上移喷嘴进行逐点、逐线、逐面、逐层熔化、堆积，从而形成三维结构；③激光粉末烧结成型技术，利用激光或电子束将聚合物或金属粉末等材料黏结或熔合在一起，形成所需的形状。

美国 BlueFire 公司首次将 3D 打印技术用于 PDC 钻头的制造。该公司利用 SolidWorks 软件开发出一个高度复杂的钻头设计方案，然后通过 3D 打印技术进行制造。为了使钻头在页岩、砂岩、石灰岩等地层中都具有较高的破岩效率，设计方案采用较大的 PDC 切削面；同时，为了提高钻头的清洁和冷却效率，在钻头体上设计了横向水眼。试验证实，这些设计使切削结构表面的温度降低了 30%以上，大大减少了切削齿的热磨损，延长了钻头寿命。另外，该 PDC 钻头还采用特殊设计的喷嘴排列方式，不仅强化了高压喷射的效果，还大幅提升了钻头的润滑及排屑能力。以前采用这些新颖的设计会使钻头的制造难度大幅增加，但现在采用 3D 打印技术不仅可以完美地实现这些复杂的设计，还能显著节约制造成本。另外，3D 打印技术一次成型的制造工艺还能够大幅增强钻头应对极端环境的能力。

目前，制造钻头使用的 3D 打印技术主要用于胎体 PDC 钻头模具的打印。模具成型是胎体 PDC 钻头制造的一个重要环节，也是准确实施钻头设计的关键，模具成型精度及质量直接影响成品 PDC 钻头的性能。在 PDC 钻头新产品开发过程中，需要反复修改验证钻头各设计参数，而模具多次成型的时间直接影响新产品的开发周期。

为缩短胎体 PDC 钻头的开发周期，国外开发了软模成型工艺，并成功应用于胎体 PDC 钻头模具成型中，降低了钻头的开发周期，并降低了劳动强度。该工艺中基础模具成型是关键技术，是决定成品钻头外形尺寸精度和研发周期的重要因素。

为解决基础模具成型困难、精度要求高的难题，国内外一直在寻求有效的解决办法。目前，常用的基础模具成型工艺主要有两种，一种是传统机械加工与手工相结合，另一种是数控加工。传统机械加工采用铣齿、修补、组合等方法进行模具加工，加工过程中工人手工操作量大，精度与效率受限于工人技术水平与熟练程度，难以满足布齿要求越来越高的 PDC 钻头设计。数控加工虽然能够满足模具精度要求，但是在复杂曲面模具加工，尤其是深型腔加工过程中需要分模，单个加工并组合，对编程人员的技术水平有较高要求，由于是组合模具，精度也受到一定的影响，且加工成本较高。国外将 3D 打印技术引入钻头模具制造领域，并进行试验研究，取得了较好效果。

采用 3D 打印技术制造 PDC 钻头模具，模具的打印工艺流程如图 4-1 所示。

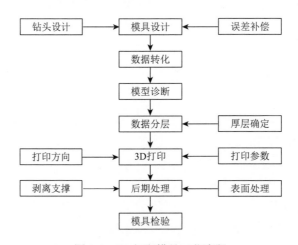

图 4-1　3D 打印模具工艺流程

（1）模具设计：首先利用 NX 软件设计模具三维模型。

（2）数据转化：设计的三维模型须利用 NX 软件进行格式转换，将其转换为快速成型设备能识别的 STL 数据格式。

（3）模型诊断：为确保三维模型成功打印，输入 3D 打印机之前，须采用专用软件进行模型诊断，确保无误后方可输入打印机。

（4）数据分层：打印设备对模型数据进行分层处理，层厚与精度密切相关，层厚越小，精度越高，效率越低。

（5）设置打印参数：打印参数与设备性能、材料类型、模具精度要求等密切相关，这些打印参数是通过试验研究总结出来的一组经验值。

（6）模具打印：打印参数设置好后就可以进行打印，打印好的模具还需要进行后期处理和检验。

（7）后期处理：后期处理工序主要是提高模具本质强度、美化外观、对原型件缺失进行修补和修复，提高表面质量。

利用 3D 打印技术可以制作任意复杂曲面形状的模具（图 4-2），将该技术引入钻头模具制造，配合现有软模成型工艺，加工钻头基础模具用于钻头制造，改进了传统模具加工工艺，实现了复杂结构及唇面形状的 PDC 钻头高效研发。

图 4-2　3D 打印的胎体 PDC 钻头模具

4.2　钢体 PDC 钻头本体数控加工技术

数控加工技术具有加工精度高、一致性好、周期短等优点，应用的领域越来越广泛。随着石油勘探开发的需要，对钻头的安全性，现场反应的及时性，以及个性化设计等方面提出了更高的要求，而传统的胎体 PDC 钻头存在制造工艺流程长、成本高、安全性相对较低等缺点，因此钢体 PDC 钻头应用需求不断提高，同时钻头设计由平面二维设计逐渐发展为立体三维数字化设计，为数控加工技术与钻头加工的有机结合奠定了基础。

目前，钢体 PDC 钻头本体的加工已越来越多地应用数控加工技术。数控加工流程一般为：计算机辅助设计/计算机辅助制造（CAD/CAM）软件建立零件模型—制定加工工艺—生成刀具轨迹—装夹零件—找正—建立工件坐标系—根据机床运动关系、机床的结构尺寸以及工件的安装位置等设置后期处理参数—生成 NC 代码—加工。数控加工工艺规划需要选择加工方案及相关工艺参数，工艺直接决定数控加工的效率和质量。

PDC 钻头冠部自由曲面较多，刀翼部分几乎都是由曲面连接而成的，如钻头刀翼的前刀面就是由多个自由曲面组成的，此部位如果按照传统的加工方法采用普通的三轴数控加工中心加工，则 PDC 钻头刀翼下面的多轴面将因为角度大于90°而无法达到要求的尺寸和精度。钻头冠部刀翼部分虽然可以采用普通的三轴数控加工中心通过控制工件转动的角度来加工，但是此方法对操作手法的熟练度有很高的要求，且耗费时间长，加工完成后精度通常不高，达不到规定的尺寸及精度要求。因此，目前采用五轴数控加工中心进行加工，无论是刀翼下部位置的多轴面还是水孔，都可以通过五轴数控加工中心的旋转轴使钻头在工作台上旋转到刀具易于加工的部位，在满足加工精度的同时也提高了钻头的生产效率。下面对 PDC 钻头本体数控加工工艺进行简单介绍。

4.2.1 钻头冠部顶面的粗加工

目的是去除钻头冠部顶面的多余材料。根据钻头冠型设计，通过三轴数控加工中心对普通车床车削的钻头毛坯冠部顶面多余的材料进行去除粗加工。

4.2.2 钻头刀翼间的粗加工

钻头冠部顶面粗加工完成后，接下来是去除钻头两刀翼间的材料。根据刀翼设计，通过三轴数控加工中心对刀翼之间部分多余的材料逐一进行去除粗加工。

4.2.3 钻头刀翼间的补刀加工

经过冠部顶面的粗加工和刀翼间的粗加工后，钻头刀翼前端存在多轴面，在冠部顶面粗加工时刀具是垂直于钻头顶面的，使得多轴面部位出现很大程度的欠切。即使在刀翼间粗加工时进行了加工，因为刀具的悬长不够，还是存在一定程度的欠切，所以要对刀翼间的余量进行补刀加工。

4.2.4　钻头冠部顶面的补刀加工

在钻头冠部顶面粗加工及刀翼间的粗加工完成后，刀翼间相对的流道尺寸较粗，加工时所选用刀具的直径小，导致此部位无法加工。因此，要专门对钻头冠部顶面进行补刀加工，提高精度。

4.2.5　钻头流道内的水孔精加工

按照钻头水孔设计尺寸、位置和角度，通过五轴数控加工中心对已粗加工的钻头本体进行钻头水孔精加工。

4.2.6　钻头体的精加工

按照三维设计模型，通过五轴数控加工中心对带有水孔的钻头坯体进行钻头的顶面和刀翼精加工，加工出钻头精细的轮廓细节，提高光洁度，同时进一步加工切削齿齿孔，最终成型钻头本体（图 4-3）。

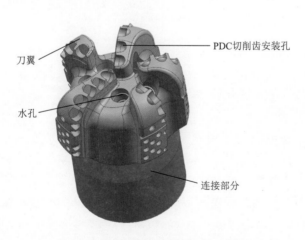

图 4-3　PDC 钻头三维数控加工模型

4.3　新型 PDC 制造加工技术

PDC 是由聚晶金刚石层和硬质合金层压制而成的，如图 4-4 所示。由于聚晶金刚石层具有极高的耐磨性，硬质合金层具有极高的抗冲击韧性，因而 PDC 广泛地应用于石油、煤田的开采钻探及机械加工等多个领域。

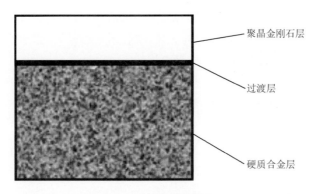

聚晶金刚石层

过渡层

硬质合金层

图 4-4　PDC 剖面图

　　PDC 的制造方法主要有两种：第一种方法是直接合成，即将金刚石微粉与硬质合金基体一起组装，一次烧结合成。该方法简单、制造成本低、产量较高，但耐热性较差；第二种方法是间接合成，即先制造出聚晶金刚石层，然后将其焊接到硬质合金基体上，构成 PDC，此法制造出的 PDC 耐热性较好，但其焊接工艺较为复杂、制造成本高，且结合面强度远不如直接合成法制造出的 PDC，因此目前国内外主要采用第一种方法制造 PDC。为提高直接合成法制造 PDC 的耐热等性能，近年来国外开发了一系列新型 PDC 制造技术。

4.3.1　界面材料成分优化技术

　　直接合成制造 PDC 时采用分层投料法，将多层不同粒度配比的金刚石颗粒均匀烧结在硬质合金基体上，此时控制好金刚石、钴粉的成分和粒度配比对实现聚晶金刚石层和硬质合金基底的结合性能很重要。若界面处钴的含量不足，在界面处不能形成连续的金属膜，会影响 D—D（diamond-diamond）键的直接键合，就可能造成硬质合金颗粒与金刚石颗粒的直接接触，界面结合性能会变差；若界面钴含量过高，钴与硬质合金基底、聚晶金刚石层的热膨胀系数差异在加热冷却过程中可能会产生较大热应力，从而降低聚晶金刚石层和硬质合金基底的结合性能；试验表明，钴粉与金刚石颗粒粒度配比控制不好，也会影响聚晶金刚石层和硬质合金基底的结合性能。国外研究表明，金刚石颗粒与钴的最优配比为：金刚石颗粒质量分数 90%～95%、钴质量分数为 5%～10%。按照最紧密堆积原理和室内试验，确定钴粉与金刚石颗粒最佳粒度配比，即钴粉的粒度原则上应小于金刚石颗粒中的最小粒度，最好为金刚石颗粒最小粒度的 1/10～1/5。

4.3.2　界面结构优化技术

由于聚晶金刚石和硬质合金在弹性模量、热膨胀系数等方面的固有差异，两者的接触界面就成为 PDC 制造中关键的区域之一。国外许多 PDC 生产厂家与研究机构对界面结构进行了各种不同的尝试，如采用平面、锯齿、正弦曲面、沟槽、台阶或凸凹等结构设计，经历了从最初的平面结构过渡到非平面结构的阶段。实践表明，采用非平面链接技术可以通过增大聚晶金刚石层与硬质合金层的接触面积来提高机械强度，特定的几何形状还可以一定程度地缓解由两种材料的弹性模量、热膨胀系数等差异引起的应力集中现象，从而达到有效改善 PDC 界面结合性能的目的。

斯伦贝谢公司开发的 Firestorm 切削齿如图 4-5 所示，该切削齿通过在硬质合金层和聚晶金刚石层间采用非平面接触结构，有效降低了烧结后残余应力。室内试验表明，传统的切削齿在硬质合金层和聚晶金刚石层界面处有较高拉伸应力，而采用非平面接触结构的 Firestorm 切削齿，界面处拉伸应力明显降低，从而有效提高了相关齿的抗冲击能力。

图 4-5　具有非平面接触结构的 Firestorm 切削齿

4.3.3　烧结工艺优化技术

PDC 烧结方式主要有三类：第一类为陶瓷型金刚石聚晶，在聚晶烧结过程中，没有碳的溶解与析出过程，黏结剂直接与金刚石表面的碳原子形成碳化物，从而形成 D—XC—D 结构；第二类为半液相烧结，是陶瓷型金刚石聚晶烧结方式的改进，方法为在金刚石与钴的混合料中加入碳化钨，从而减少液相存在，抑制晶粒长大，获得均匀致密的烧结体；第三类为金属陶瓷类聚晶，为美国公司首创，称为"钴扫越式催化再结晶方法"。在这类聚晶烧结过程中，加入金属钴作为黏结剂，钴起到"催化剂"的作用，金刚石表面的碳原子溶于钴液中，在一定的热力学条件下，改变了内部结构，并最终沉积在金刚石颗粒的表面，实现了"溶解—催化—再结晶"的过程。随着过程的进行，钴液被挤出边缘，即向金刚石颗粒的深层扩展，最终扫越整个金刚石层并析出钴。这种烧结方式可以形成结合强度更高的 D—D 结构或者 D—Co—D 结构，从而大幅提高 PDC 的使用性能。

在金属陶瓷类聚晶烧结过程中，烧结压力、烧结温度与烧结时间对界面钴含量的渗透、D—D 结构形成具有直接影响。在烧结工艺诸因素中起决定作用的是压力，烧结压力一般为 5.5~6GPa，国外先进的 PDC 制造公司可以做到 6.5~10GPa，采用更高压力的烧结，可以提高烧结体的密度、硬度及耐磨性。

国外研究表明，烧结温度的选择与下列因素有关：烧结压力越高，烧结温度也可相应提高；金刚石层中黏结剂不同，黏结剂与 C 的共晶温度也不同，烧结温度应高于共晶温度 100~200℃；较高的烧结温度有利于烧结体的致密化，改善烧结效果。烧结时间应以聚晶金刚石与 PDC 黏结剂能充分融合，浸润金刚石颗粒或者充分扫越金刚石层为原则，烧结时间与烧结压力、烧结温度、PDC 的尺寸大小有关，烧结压力、烧结温度越高，烧结时间越短，PDC 的尺寸越大，烧结时间越长。

国外研究表明，在 PDC 烧结过程中添加剂的使用很重要。在金刚石与钴的混料中添加碳化物粉有助于减少液相的存在，遏制晶粒的异常长大。晶粒的异常长大是金刚石在钴中的溶解再结晶过程中发生的，在催化剂较多的地方较容易发生。烧结 PDC 材料时适量添加细粒度立方氮化硼（cubic boron nitride，CBN），也可以抑制金刚石晶粒的异常长大，从而相对提高 PDC 的耐磨性。

史密斯钻头公司在得克萨斯州东部硬研磨性难钻地层钻井中，通过优化 PDC 的高温高压等烧结工艺，取得了比此前更优的钻井性能。

4.3.4　PDC 脱钴系列技术及无钴烧结技术

PDC 常用的烧结助剂为钴，在高温高压烧结过程中，钴促使金刚石颗粒间呈 D—D 键连接，使 PDC 具有较高的强度和耐磨性。PDC 多在高温、高应力条件下工作，钴与金刚石的热膨胀系数差别很大，在工作过程中容易造成金刚石层内金刚石晶粒脱落，从而降低 PDC 的性能。因此，PDC 脱钴技术是一种能够提高 PDC 工作热稳定性从而提高使用性能的有效手段。

PDC 脱钴技术就是去除金刚石层内的钴。钴是压制 PDC 时加入的黏结剂，在金刚石内呈现宏观均匀分布状态，去除比较困难，通常采取酸溶或者电解。去除钴是考虑到钻头在工作时，PDC 与岩石摩擦生热，自身温度会不断升高，但是碳（人造金刚石）与钴的热膨胀系数不同，在工作时体积变化会随着温度升高而不同，从而引起内应力的增加，造成 PDC 破坏。目前，国外常用的脱钴技术有酸浸出、电化学、锌液吸收，下面将重点介绍酸浸出脱钴技术。

酸浸出脱钴技术是提高 PDC 热稳定性的有效手段，尤其是使用强酸对聚晶金刚石层进行脱钴处理。国外应用此项技术较早，1981 年 Bovenkerk 等在其专利中叙述了强酸脱钴的工艺，采用 HF 和 HNO_3 混合热溶液处理 PDC，聚晶金刚石层中 99.5%以上的钴被溶解掉，留下交错生长的金刚石骨架，处理后，PDC 热稳定性可以到 1200℃。随着人们对聚晶金刚石研究的深入，脱钴技术发展也很迅速。

脱钴所用的试剂种类显著增多，由最初的盐酸、硝酸、氢氟酸发展到包含磷酸、硫酸、高氯酸或多种酸混合液，并且最初的强腐蚀性酸已转为腐蚀性较低的酸。Ladi 等（2013）在其专利中采用 $FeCl_3$ 等脱钴试剂对 PDC 进行脱钴处理，并对脱钴效果进行了对比分析，发现此类酸脱钴深度并不比王水效果差（详细脱钴深度见表 4-1），分析原因可能是这些腐蚀性较低的酸性溶液中，某些配根离子与 Co^{2+} 生成络合物，从而降低了溶液中 Co^{2+} 浓度，加速了 PDC 中金属钴的溶解。

表 4-1 不同试验条件下 PDC 脱钴深度

脱钴试剂	碳化合金等级	新试剂或已用过的试剂	脱钴深度/μm
$FeCl_3$	612	新	304
$FeCl_3$	612	已用过	149
$FeCl_3$	410	新	224
王水	612	新	116
$FeCl_3$	410	已用过	154
王水	410	新	58
王水	612	已用过	83
王水	410	已用过	49

　　脱钴区域已可随意选择，由最初的对整个或大部分金刚石层脱钴转变为金刚石层选择性脱钴。Shamburger（2010）在其专利中就针对 PDC 选择性脱钴的方法进行了介绍。这种方法的特殊性主要体现在所用的 PDC 夹具上，如图 4-6 所示，此夹具的优点是金刚石层选择性脱钴能够克服金刚石层全部脱钴而造成抗冲击韧性降低的缺点，从而解决 PDC 在使用过程中过早失效的问题。

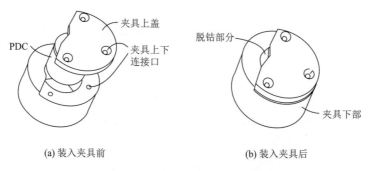

（a）装入夹具前　　　　　　（b）装入夹具后

图 4-6　聚晶金刚石保护夹具的等距视图

　　脱钴工艺已得到不断改进，已由传统的常温常压脱钴环境转变为高效的高温高压脱钴环境。

　　脱钴装置不断改进，已经出现利用酸雾、真空条件脱钴的装置，有效提高了 PDC 脱钴的效率，降低了脱钴成本。此外，还有很多专利公布了其设计的脱钴装置。

　　在脱钴去除 PDC 中金属相的同时金刚石颗粒间会形成孔隙，金属相的缺少使 PDC 的强度有一定程度的下降。据有关文献报道，酸浸出脱钴后 PDC 的抗压强度下降 10%，横向抗拉强度则降低 20%；同时，PDC 表面大量的孔洞使大量的金刚石暴露在空气中，孔洞中空气的导热性不好，从而造成 PDC 在使用过程中易形成局部高温，进而破坏 PDC 的结构。因此，利用酸脱钴提高 PDC 热稳定性的程度有限。为解决上述问题，Gigl 等（1988）提出在酸浸出后的金刚石表层镀一薄层金属（如 Ti 或 Ni），这层金属能够隔离空气，使金刚石的氧化速率因金属层的存在而大大降低，甚至比大颗粒单晶的氧化速率更低。

　　此外，也有人提出将没有催化作用且膨胀系数接近金刚石的硅或硅合金渗入酸浸过的金刚石骨架间，其中美国专利就此方法进行了详细阐述。专利表明，此方法可有效阻止空气进入金刚石骨架间的孔隙，使 PDC 的热稳定性和强度都明显增强。近年来，贝克休斯公司开发的 StaySharp 切削齿就采用了无钴烧结技术，该技术使得 PDC 的耐磨性和热稳定性较传统切削齿大幅提升。

4.3.5　PDC 抛光技术

抛光技术可以减小 PDC 切削表面的粗糙度，可以大幅降低与岩石摩擦产生的热量，使切削齿能保持相对低温，从而大幅提高 PDC 的耐磨性和抗冲击性；此外，抛光技术还能降低钻头泥包发生的概率，使钻屑更容易排出并显著提高平均机械钻速，大大提高了 PDC 的耐磨性和工作寿命，如贝克休斯公司的 StaySharp 抛光切削齿即为此类，如图 4-7 所示。

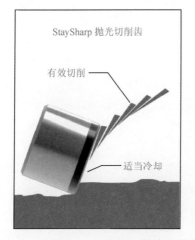

图 4-7　StaySharp 抛光切削齿与标准非抛光切削齿对比

贝克休斯公司采用 StaySharp 抛光切削齿制造的 StaySharp 钻头如图 4-8 所示。在实际使用中，与常规切削齿的 PDC 钻头相比，StaySharp 钻头提高了平均机械钻速、钻井效率及钻头整体性能，降低了钻井成本。

图 4-8　StaySharp 钻头及其抛光切削齿

第 5 章　PDC 钻头技术发展趋势与展望

PDC 钻头虽小，却已成为全世界钻井提速降本的第一利器，尤其在水平井、深井、超深井钻进中 PDC 钻头的作用更为突出。因此，目前国内外石油公司和油服公司都高度重视 PDC 钻头技术的改进与创新。

综合分析国外钻头新技术发展现状，我们认为 PDC 钻头未来将向以下几个重点方向发展。

1. "一趟钻" PDC 钻头研制

提速是钻井永恒的主题，实现钻井提速的终极目标就是钻井各开次实现"一趟钻"，而钻头设计和发展钻头新技术的终极目标就是为钻井各开次实现"一趟钻"提供钻头质量保障。因此，今后钻头技术要充分研究各开次全井段的地层可钻性特性，针对性地对从钻头本体结构、切削齿结构、材料、制造工艺等进行优化、强化，在考虑个性化的同时充分融入兼容设计，不断提高钻头的平均机械钻速和单只钻头进尺。

2. 高效导向 PDC 钻头研制

随着定向井、水平井、大位移井、多分支井应用越来越多，对钻头的高导向性提出了更高要求，未来一部分 PDC 钻头将持续向提高钻头导向能力方面发展。

3. PDC 钻头数字化设计与制造

随着勘探开发区域的不断扩展，井下地层和岩性更加复杂多变，为提高钻头平均机械钻速，延长钻头寿命，大数据、云计算、3D 打印、数控精加工、虚拟现实等技术将越来越多地引入 PDC 钻头的优化设计、制造与选型中，通过对地层多特性反演分析，针对性开展个性化钻头设计，不断提高钻头在相关地层的适应性；虚拟现实将进一步推动钻头结构和切削单元的多元化和集成化，不断促进 PDC 钻头性能的提高和发展，持续突破钻井提速极限。

4. 高新材料技术在 PDC 钻头的应用

PDC 材料性能的提升仍然将是 PDC 钻头性能提升的主攻方向。PDC 新材料的应用将为提高研磨性及非均质地层的破岩效率提供有效的手段。例如，基于石墨烯等高新材料打造的新型钻头，有望使钻头的破岩效率更高、耐温能力更强、使用寿命更长。

5. 智能型钻头

目前，贝克休斯、哈里伯顿、国民油井华高等国外知名公司都在研制智能型钻头。未来带传感器的智能钻头可实现以下功能：实时判别钻头井下工况、探测井下地质情况；改变钻头导向钻进特征，保证精确钻达地质目的层位；优化钻头工况，减少钻头震动、黏滑和回旋，提高平均机械钻速，延长钻头使用寿命；准确判断钻头磨损情况，挖掘钻头最大潜力；改变钻头破岩方式，与地层破碎力学完美匹配，获得最佳钻井效率；根据不同工况需要进行形状变化，满足钻进、扩划眼、防卡等需要。

主要参考文献

柴津蓂，王光祖. 2007. PDC 的主要特性与应用[J]. 超硬材料工程，19（5）：36-42.

陈石林，彭振斌，陈启武. 2004. 聚晶金刚石复合体的研究进展[J]. 矿冶工程，24（2）：85-89.

陈昱汐. 2016. 基于犁切破岩的锥形金刚石切削齿钻头及其应用[J]. 钻采工艺，39（4）：105-107.

邓福铭，陈启武. 2003. PDC 超硬复合刀具材料及其应用[M]. 北京：化学工业出版社.

邓福铭，陈小华，陈启武. 2001. PDC 材料超高压烧结中聚晶金刚石晶粒异常生长及其抑制机制研究[J]. 金刚石与磨料磨具工程，122（2）：5-6，9.

窦同伟，王长在，孙宝，等. 2014. 金刚石复合片脱钴 PDC 钻头个性化设计与应用[J]. 中国石油和化工标准与质量，11：101-102.

郭先敏，侯芳. 2016. 国外钻井装备与技术新进展[J]. 石油机械，44（7）：20-26.

韩来聚，杲传良，陈庭根. 1994. PDC 钻头的最新发展与应用[J]. 钻采工艺，17（1）：102-105.

胡娟，刘进，李丹，等. 2007. 聚晶金刚石的性能及其在生产工艺上的优化[J]. 硅酸盐通报，26（1）：133-137，220.

贾成厂，李尚劼. 2016. 聚晶金刚石复合片[J]. 金属世界，3：18-23.

江文清，吕智，林峰，等. 2006. 聚晶金刚石复合体的主要性能研究状况[J]. 表面技术，35（5）：65-68.

李锁智. 2015. 3D 打印技术在 PDC 钻头模具成型中的应用[J]. 煤矿机械，36（8）：277-280.

林双平. 2013. 聚晶金刚石复合体的发展现状与展望[J]. 超硬材料工程，25（5）：37-41.

林双平，郑梅，李春元，等. 2013. 聚晶金刚石复合体的发展现状与展望[J]. 超硬材料工程，25（5）：37-41.

刘寿康. 1999. 金刚石复合体性能测试方法研究[J]. 矿冶工程，19（1）：18-20.

吕智，唐存印. 2004. 金刚石聚晶技术与发展[J]. 珠宝科技，16（54）：1-6.

马保松，张祖培，孙友宏. 1998. 新型金刚石加强冲击凿岩柱齿的研制[J]. 矿冶工程，18（4）：5-7.

潘军，王敏生，光新军，等. 2016. PDC 钻头新进展及发展思考[J]. 石油机械，44（11）：5-13

亓东霞. 2014. 3D 打印技术用于 PDC 钻头设计制造[J]. 石油钻探技术，42（3）：15.

邵华丽. 2016. D—D 键合型聚晶金刚石的制备及脱钴技术研究[D]. 郑州：河南工业大学硕士学位论文.

司效东. 2001. 金刚石复合片烧结体磨耗比的提高[J]. 大庆石油学院学报，28（1）：86-88.

仝斐斐，王海阔，刘俊龙，等. 2017. 金刚石复合片脱钴技术研究[J]. 超硬材料工程，29（4）：1-7.

汪海阁，王灵碧，纪国栋，等. 2013. 国内外钻完井技术新进展[J]. 石油钻采工艺，35（5）：1-12.

汪宏菊，李拥军，张剑，等.2009.粗颗粒聚晶金刚石复合片显微结构的分析[J].金刚石与磨料磨具工程，3：43-46.

王红波，刘娇鹏，鲁鹏飞，等.2011.PDC 钻头发展与应用概况[J].金刚石与磨料磨具工程，31（4）：74-78.

魏明强.2018.PDC 钻头数字化设计与制造技术研究[D].沈阳：沈阳工业大学硕士学位论文.

于慧超，杨静，陶瑞东，等.2016.微芯钻头在南堡 3-82 井的应用探索[J].西部探矿工程，28（12）：66-68.

张猛，程润，汪胜武，等.2016.微芯钻头在冀东油田的应用[J].辽宁化工，45（1）：124-126.

赵尔信，贾美玲，蔡家品，等.2003.国内外钻探用金刚石复合片性能的研究[J].探矿工程，增刊：266-269.

赵云良，赵爽之，闫森.2013.金刚石烧结体（PCD 与 PDC）的发展概况（三）[J].超硬材料工程，25（6）：53-56.

郑家伟.2016.国外金刚石钻头的新进展[J].石油机械，44（8）：31-36.

周振君，李工，杨正方，等.2001.掺杂立方氮化硼对金刚石聚晶致密化和显微结构的影响[J].高压物理学报，15（3）：229-234.

左汝强.2016.国际油气井钻头进展概述（四）——PDC 钻头发展进程及当今态势（下）[J].探矿工程（岩土钻掘工程），43（4）：40-48.

Alex W，Andy B，Michael W，et al. 2016. New material technologies reduce PDC drill bit body and cutter erosion in heavy oil drilling environments. [C]//SPE Latin America and Caribbean Heavy and Extra Heavy Oil Conference，Lima，Peru. SPE181196.

Alvarez O，Mutair F，Ghannam H，et al. 2014. New erosion resistance PDC bit coating eliminates balling in water-based drilling fluids in Saudi Arabia. [C]//International Petroleum Technology Conference，Doha，Qatar. IPTC 17372.

Bovenkerk H P，Gigl P D. 1981. Temperature resistant abrasive compact and method for making same[P]. US4288248.

Cookson C. 2015. Novel，refined bit designs[J]. The American Oil & Gas Reporter，58（4）：142-149.

Deen A，Kitagawa C，Schneider B，et al. 2014. Explain how new advances in PDC bit construction and design are helping to cut drilling costs in the Marcellus Shale[J]. Oilfield Technology，7（6）：15-21.

Fleming C. 2015. Economics challenge drill bit manufacturers to reduce drilling costs[J]. World Oil，236（12）：55-59.

Gigl P D，Hammersley B M，Slutz D. 1988. Coated oxidation-resistant porous abrasive compact and method for making same[P]. US4738689.

Gilleylen R，Zhan G D，Donald S，et al. 2014. Apparatus and methods for high pressure leaching of polycrystalline diamond cutter elements[P]. US9981362.

Griffo A，Keshavan M K. 2011. Manufacture of thermally stable cutting elements[P]. US8470060.

Horton M D，Peterson G R. 1987. Infiltrated thermally stable polycrystalline diamond[P]. US4664705.

Hsieh L，Endress A. 2015. New drill bits utilize unique cutting structures，cutter element shapes，advanced modeling software to increase ROP，control，durability[J]. Drilling Contractor，2015，71（4）：48-58.

Ladi R M，Wells C E，Kataria B K，et al. 2013. Chemical agents for leaching polycrystalline diamond elements[P]. US8435324.

Pinto E G，Mota J F，Grable J L，et al. 2012. A Systematic Approach to Improving Directional Drilling Tool Reliability in HPHT Horizontals in the Haynesville Shale[C]//SPE/IADC Drilling Conference and Exhibition，6-8 March 2012，SanDiogo，California，USA.DOI：https://doi.org/10.2118/151175-MS.

Richard J B，Mota J F，Schneider B，et al. 2012. Drilling Performance improvement in the Haynesville Shale[C]//SPE/IADC Drilling Conterence and Exhibition，Amsterdam，The Netherlands. DOI：https://doi.org/10.2187/139842-MS.

Scott D. 2015. A bit of history：Overcoming early setbacks，PDC bits now drill 90%-plus of worldwide footage[J]. Drilling Contractor，71（4）：60-68.

Shamburger J. 2010. Method and apparatus for selectively leaching portions of PCD cutters already mounted in drill bits[P]. US7757792.

Zhan G D，Rothrock W R，Dhall P W，et al. 2014. Systems and methods for vapor pressure leaching polycrystalline diamond cutter elements[P]. US 9156136.